Über das dielektrische Verhalten von Niederspannungskondensatoren mit geschichteter Papierisolation

Von der Technischen Hochschule Darmstadt

zur Erlangung der Würde eines Doktor-Ingenieurs

genehmigte

Dissertation

Vorgelegt von

Dipl.-Ing. **F. A. Schäfer**
aus Offenbach am Main

Referent: Professor Dr.-Ing. W. Petersen
Korreferent: Professor Franklin Punga

Tag der Einreichung: 28. November 1927
Tag der mündlichen Prüfung: 23. Dezember 1927

Springer-Verlag Berlin Heidelberg GmbH 1929

ISBN 978-3-662-40536-9   ISBN 978-3-662-41013-4 (eBook)
DOI 10.1007/978-3-662-41013-4

Meinen Eltern gewidmet

Inhaltsverzeichnis.
I. Einleitung.
II. Die Versuchsobjekte und die Meßmethode.
III. Die Zeitabhängigkeit der Kondensatorverluste.
IV. Die Temperaturabhängigkeit der Kondensatorverluste.
V. Die Spannungsabhängigkeit der Kondensatorverluste.
VI. Zusammenstellung der Versuchsergebnisse und Schlußbemerkung.
VII. Literaturverzeichnis.

I. Einleitung.

Die Erforschung der Vorgänge im Dielektrikum statischer Kondensatoren sowie die Lösung des Isolierstoffproblemes ganz allgemein ist nicht in dem Maße fortgeschritten, wie man in Anbetracht der Wichtigkeit dieses Gebietes für die gesamte Elektrotechnik erwarten sollte. Während auf anderen Fachgebieten die fortschreitende wissenschaftliche Erkenntnis zu zweckentsprechender Formgebung und höchster Wirtschaftlichkeit durch Steigerung und Ausnutzung der spezifischen Materialeigenschaften geführt hat, konnte die Isolierstofftechnik den an sie gestellten Anforderungen bisher im wesentlichen nur dadurch gerecht werden, daß durch die Wahl sehr großer Sicherheitsfaktoren, d. h. also durch einen unverhältnismäßig großen Materialaufwand, die Erscheinungen unterdrückt wurden, die bei spezifisch höherer Beanspruchung zum Zusammenbruch geführt oder mindestens zu Störungen Veranlassung gegeben hätten.

Mit der Steigerung der Betriebsspannungen war man jedoch zu einer besseren Materialausnutzung gezwungen, und es sind auch, beispielsweise auf dem Gebiete der Kabeltechnik, in letzter Zeit sehr bemerkenswerte Fortschritte in dieser Richtung erzielt worden. Immerhin tritt auch in der Kabeltechnik unsere lückenhafte Kenntnis von dem Wesen gewisser dielektrischer Vorgänge noch nicht derart kraß in Erscheinung, wie auf dem Gebiete des Kondensatorbaues, wo es sich unter Umständen nur um die isoliertechnische Beherrschung einiger hundert Volt, bei allerdings erheblichen spezifischen Beanspruchungen, handelt. Die Kabelkonstruktionen, und zwar auch die für niedere Betriebsspannungen, enthalten, schon mit Rücksicht auf die mechanischen Beanspruchungen bei Transport und Verlegung, wesentlich stärkere Gesamtisolierschichten als Kondensatoren, deren Dielektrikum zur Erzielung eines möglichst großen Kapazitätswertes eine nur verhältnismäßig geringe Stärke besitzen darf. In besonderem Maße trifft dieses für die sog. Niederspannungskondensatoren mit geschichteter Papierisolation zu, für Betriebsspannungen von beispielsweise 220, 380 oder 500 Volt. Aus wirtschaftlichen Gründen ist man hierbei zur Anwendung besonders dünner Isolierschichten gezwungen, und da die Gesamtisolation ihrerseits wieder, aus Sicherheitsgründen, mehrfach unterteilt sein muß, kommt man zu Einzelpapierstärken, die an der Grenze des technologisch Herstellbaren liegen. Es ist ohne weiteres einzusehen, daß sich bei der Einwirkung des elektrischen Feldes auf derart dünne Schichten etwaige physikalische und chemische Zustandsänderungen im

Isoliermaterial wesentlich intensiver, dafür aber auch um so früher erkennbar, auswirken müssen, als in der Isolation beispielsweise eines Starkstromkabels.

Die folgenden Untersuchungen beschäftigen sich vorzugsweise mit den dielektrischen Vorgängen in der Isolation von Niederspannungskondensatoren der vorstehend beschriebenen Art. Es sei gleich an dieser Stelle bemerkt, daß das Ziel der Arbeit insbesondere darin erblickt wurde, die beobachteten Erscheinungen nach Möglichkeit mit bereits bekannten ähnlichen in Zusammenhang zu bringen, um derart eine Brücke zwischen den Problemen des noch im Anfang der Entwicklung stehenden Kondensatorbaues und den Erscheinungsformen der isoliertechnisch verwandten und bereits eingehender erforschten Gebiete zu schlagen. In den Fällen, in denen dieses durch die Neuartigkeit der Beobachtungsergebnisse nicht gelungen ist, soll die Arbeit zu weiteren Untersuchungen in der angedeuteten Richtung anregen. Da die Gebiete des Kondensator- und Kabelbaues in elektrischer Beziehung sehr nahe verwandt sind, finden sich nachstehend besonders häufig Hinweise auf das der Kabeltechnik entstammende Beobachtungsmaterial. Bei der großen Zahl der noch ungelösten dielektrischen Fragen, sowie bei den hier vorliegenden Schwierigkeiten in experimenteller Beziehung, wird es nur der Zusammenarbeit vieler Kräfte gelingen, uns neue richtungsgebende Gesichtspunkte für die Weiterentwicklung der Isolierstofftechnik zu vermitteln.

II. Die Versuchsobjekte und die Meßmethode.

a) Die Versuchsobjekte.

Bei den Versuchsobjekten handelt es sich vorzugsweise um Kapazitätswerte in der Größenordnung von etwa 10 bis $15 \cdot 10^{-6}$ Farad, und zwar fanden zwei in konstruktiver Beziehung grundsätzlich voneinander abweichende Ausführungsformen Verwendung, nämlich a) gewickelte und nachträglich flach gepreßte Kondensatoren (s. Bild 1) und b) gewickelte nicht ge-

Bild 1. 10-μF-Kondensator — gewickelte, flachgepreßte Type — bestehend aus 10 parallel geschalteten Einzelkondensatoren von je 1 μF.

Bild 2. 15-μF-Kondensator — rund gewickelte, nicht gepreßte Type — bestehend aus 6 parallel geschalteten Einzelkondensatoren von je 2,5 μF.

preßte Kondensatoren zylindrischer Gestalt (s. Bild 2); es wurde absichtlich von der Untersuchung kleinerer sog. „Modelle" (von einigen 100 oder 1000 cm Kapazität) abgesehen, um Gelegenheit zur Erforschung der Verhältnisse zu haben, die bei technischen Ausführungsformen von Niederspannungskondensatoren tatsächlich vorliegen.

Bei beiden Versuchsausführungen bestand das Dielektrikum aus drei Lagen Sulfitzellulosepapier in Einzelstärken von 0,015 mm, während für die stromführenden Beläge Aluminiumfolie von 0,01 mm Stärke Verwendung fand. Die Gesamtisolationsstärke betrug demnach etwa 0,045 mm, entsprechend einer spezifischen Beanspruchung

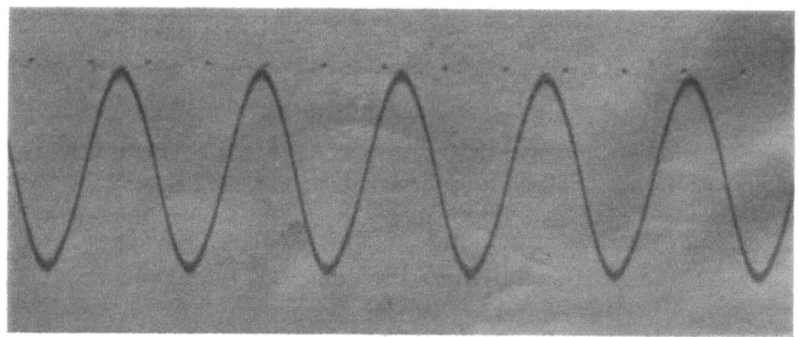

Bild 3. Oszillogramm der zur Verlustmessung benutzten Spannungskurve.

von 8,9 kV$_{effekt.}$ pro mm bei 400 Volt Betriebsspannung. Die Wahl des richtigen Spannungsgradienten ist für die Betriebssicherheit eines Kondensators von ausschlaggebender Bedeutung. Da man mit den vorstehend genannten Papierstärken ziemlich an der Grenze der zur Zeit von der Papierindustrie herstellbaren porenfreien Papiere liegt, und da es andererseits, aus Sicherheitsgründen, nicht tunlich ist, unter die Dreizahl der Einzelschichten zu gehen, ist, zunächst lediglich aus baustofflichen Gründen, die maximal anwendbare Feldstärke bei einem 400 Volt-Kondensator hierdurch größenordnungsmäßig festgelegt. Die Zulässigkeit der Wahl einer solchen Feldstärke in elektrischer Beziehung wird noch später zu untersuchen sein. Um die Herstellung derart dünner Schichten hinreichend porenfrei zu ermöglichen, läßt sich die Anwendung einer verhältnismäßig starken Satinage nicht vermeiden. Obwohl die Papiere hierdurch in ihrer Saugfähigkeit leiden, muß man sich notgedrungen doch für dieses kleinere Übel entscheiden, da ein porenhaltiges Papier als Isolierschicht vollkommen ausfallen würde.

Die flach gepreßten Wickeleinheiten (mit einer Kapazität von je etwa $1 \cdot 10^{-6}$ Farad) wurden in der bisher allgemein üblichen Weise durch Aufspulen von abwechselnden Lagen von Papier und Folie, unter Einhaltung eines beiderseitigen Isolationsrandes von 5 mm Breite, auf einem runden Wickeldorn hergestellt, nach Abnahme von diesem unter Vakuum in einem verflüssigten Imprägniermittel (Paraffin) getränkt und dann in noch heißem Zustand in einer flachen Form gepreßt; es entstand derart unter der zweiseitigen Druckwirkung der Preßform ein flacher Kondensatorkörper mit zwei parallelen ebenen Flächen und zwei gewölbten Biegekanten. Die Stromzuführung zu den Belägen erfolgte durch während des Wickelvorganges eingelegte Messingblechstreifen, die wechselweise seitlich über das Dielektrikum herausragten. (Die auf Bild 1 ersichtlichen seitlich herausgeführten Belagränder waren bei der ersten Versuchsausführung noch nicht vorhanden.) Die Wickeleinheiten wurden nach der Imprägnierung in Säulenform zusammengestellt, elektrisch parallel geschaltet (s. Bild 1) und in einem Blechgehäuse mit Paraffin vergossen.

Die Herstellung der runden, nicht gepreßten Kondensatoreinheiten (mit einer Kapazität von je etwa $2,5 \cdot 10^{-6}$ Farad) erfolgte in der Weise, daß abwechselnde

Lagen von Papier und Folie auf einen aus Isolationsmaterial bestehenden Zylinder mit einer gewissen Vorspannung aufgewickelt wurden, und zwar derart, daß jeweils eine Seite des Belags über das Dielektrikum hervorragte, während der andere Belagrand nach innen zu versetzt war, so daß ein Kriechweg von etwa 5 mm Breite frei blieb. Der fertige Wickelkörper erhielt einen ebenfalls aus Isolationsmaterial bestehenden äußeren Schutzmantel und wurde sodann in einem Paraffinbade der gleichen Vakuumbehandlung unterworfen wie die flach gepreßten Kondensatoren. Der Anschluß der Beläge erfolgte durch Metallplatten, die gegen die an den Stirnseiten des zylindrischen Wickelkörpers vorstehenden Belagränder angepreßt wurden. Der Zusammenbau dieser Einzelkondensatoren zu einer Versuchseinheit von etwa $15 \cdot 10^{-6}$ Farad wurde in der aus Bild 2 ersichtlichen Weise bewirkt.

b) Die Meßmethode.

Als Stromquelle diente das Netz des Städtischen Elektrizitätswerkes Charlottenburg. Die 50 periodische Spannung, deren Kurvenform praktisch sin.-förmig ist (s. Bild 3), wurde den Versuchsobjekten über einen Drehregler mit einem Regelbereich zwischen 60 und 550 Volt zugeführt. Da es sich im vorliegenden Falle um verhältnismäßig große Kapazitätswerte mit entsprechenden Wirkverlusten handelte, konnten

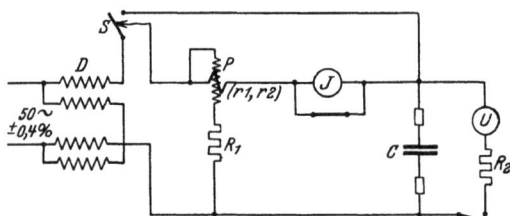

Bild 4. Schaltbild der wattmetrischen Verlustmeßeinrichtung.

D Drehregler (Regelbereich 60—550 Volt). S Umschalter (einpolig). P Präzisions-Wattmeter (2,5 und 5,0 Amp/250 Volt) H. & B. Nr. 780798. J Amperemeter (0,5, 1 und 5 Amp) H. & B. Nr. 802480. U Voltmeter (250 Volt) H. & B. Nr. 801869. R_1 Vorschaltwiderstand (für 250 Volt zusätzlich) = 8333,3 Ω. R_2 Vorschaltwiderstand (für 500 Volt zusätzlich). C Versuchskondensator.

die Verlustmessungen mit einem hochempfindlichen dynamometrischen Wattmeter, von H. & B. mit Fadenaufhängung des beweglichen Systems, erfolgen, das die Ablesung von $1/10$ Watt noch gut gestattete. Die Anordnung der Meßschaltung war dabei derart getroffen, daß die Einschaltung der Meßinstrumente in den Betriebsstromkreis des Kondensators ohne Unterbrechung der Spannungszuführung erfolgen konnte. Bild 4 zeigt das Schaltungsschema der wattmetrischen Verlustmeßeinrichtung. Während der Ablesung des Wattmeters wurde der Spannungsmesserkreis geöffnet und das Amperemeter kurzgeschlossen, so daß die Wattmeterangaben, nach Abzug der in der Stromspule entstehenden $J^2 \cdot r$-Verluste (Widerstand der Stromspule $r_1 = 0,12$ Ohm beim Meßbereich 2,5 Amp. und $r_2 = 0,03$ Ohm beim Meßbereich 5,0 Amp.) den tatsächlichen Wirkverbrauch des Versuchskondensators darstellten. Vergleichsmessungen mit der Scheringschen Hochspannungsmeßbrücke, die jedoch, mangels einer verlustlosen Vergleichskapazität geeigneter Größe, nur an den Einzelkondensatoren geringerer Kapazität vorgenommen werden konnten, ergaben gute Übereinstimmung der prozentualen Verlustwerte sowie vor allem auch der Temperatur- und Spannungsabhängigkeit des Verlustfaktors tg δ in qualitativer Hinsicht.

III. Die Zeitabhängigkeit der Kondensatorverluste.

Der zur Herstellung des elektrischen Feldes eines Kondensators notwendige Arbeitsaufwand wird von dem verschwindenden magnetischen Feld gedeckt. Dieser Vorgang der Überführung einer Energieform in die andere findet jedoch nicht verlustlos statt, da wir es im vorliegenden Falle mit einem unvollkommenen, d. h. mit Verlusten behafteten Dielektrikum zu tun haben. Alle festen technischen Isolierstoffe besitzen im elektrischen Wechselfelde diese Eigenschaft der sog. dielektrischen Verluste, durch die neben der auf Stromleitung zurückzuführenden Erwärmung eine weitere Wärmequelle geschaffen wird. Es ist für einen für Dauerbetrieb bestimmten Kondensator eine elementare Forderung, daß die durch vorstehend genannte Ursache bedingte „Eigenerwärmung" nicht zu einem Labilwerden des Wärmegleichgewichtes führt; hierbei kommt es naturgemäß nicht nur auf die absolute Höhe der Verluste, sondern auch auf die Möglichkeit einer hinreichenden Abführung der Verlustwärme an.

Wurde eine auf vorstehend beschriebene Weise hergestellte, flach gepreßte Versuchseinheit von $15 \cdot 10^{-6}$ Farad bei einer Raumtemperatur von 20° C an eine Spannung von 400 Volt gelegt, so zeigte die tg des Verlustwinkels δ in Abhängigkeit

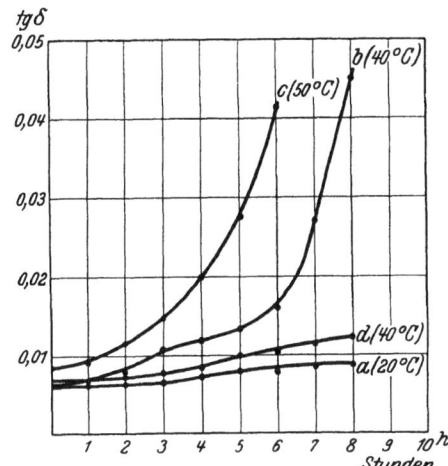 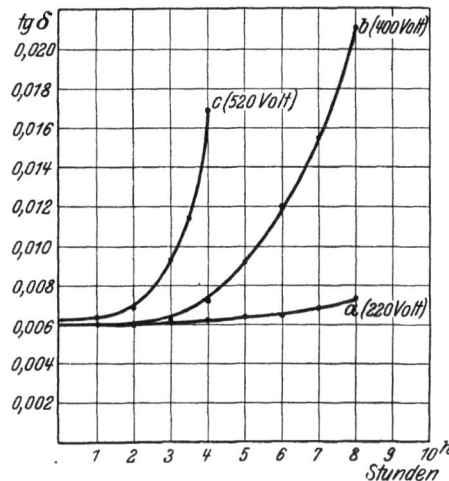

Bild 5. tg δ als Funktion der Belastungsdauer; Kurve a bei 20°, Kurve b und d bei 40°, Kurve c bei 50° C künstlicher Erwärmung.

Bild 6. tg δ als Funktion der Belastungsdauer bei künstlicher Erwärmung auf 40° C; Kurve a bei 220, Kurve b bei 400 und Kurve c bei 520 Volt Betriebsspannung (effektiv).

von der Belastungsdauer den in Bild 5 Kurve a dargestellten Verlauf, d. h. sie stieg von anfänglich 0,006 (entsprechend 0,6% Verlust, bezogen auf die Kondensator-Scheinleistung) nach achtstündigem Betrieb auf etwa 0,009 an. Diese Verhältnisse änderten sich jedoch wesentlich bei künstlicher Erwärmung des Kondensators auf 40° C (Kurve b) bzw. auf 50° C (Kurve c). In beiden Fällen wurde die Spannung von 400 Volt erst angelegt, nachdem sich der Kondensator während 24 Stunden in einem Wärmeschrank befunden hatte, so daß eine Gewähr für vollständige Durchwärmung des Kondensatorinneren gegeben war. Man erkennt, daß jetzt der Verlustanstieg wesentlich stärker als vorher erfolgt und daß besonders im Falle c) mit der Möglichkeit eines „Wärmedurchschlages" gerechnet werden muß. Zur Schonung der Meßeinrichtung wurde deshalb die Aufnahme weiterer Meßpunkte bei dem bei 40° C durchgeführten Versuch nach 8 Stunden und bei dem bei 50° C durchgeführten nach 6 Stunden eingestellt; der Kondensator blieb jedoch im Falle c) weiter an Spannung und schlug nach etwa 10 Stunden durch. Die gleichen Beobachtungen wurden auch noch an einer Reihe anderer entsprechend ausgebildeter Versuchseinheiten gemacht. In jedem Falle trat bei der erhöhten Raumtemperatur eine derartige Erwärmung des Kondensators ein, daß das als Vergußmasse dienende Paraffin (mit einem Schmelzpunkt von etwa 58 bis 60° C) erweichte oder sogar dünnflüssig wurde.

Es liegt hier der typische Fall der selbsttätigen Verluststeigerung eines Kondensators vor. Durch die allseitige Einbettung der stromführenden Beläge in das schlecht wärmeleitende Isoliermaterial kann die im Innern des aktiven Kondensatorkörpers erzeugte Wärme nicht mit genügender Schnelligkeit nach außen abgeführt werden. Die Folge ist eine Temperaturerhöhung, die ihrerseits eine Zunahme der Eigenverluste bedingt, wodurch wiederum eine Temperaturerhöhung eintritt; dieses Spiel wiederholt sich solange, bis der Kondensator allmählich auf Temperaturen kommt, bei denen das Paraffin flüssig wird und das Dielektrikum seine in kaltem Zustand hochisolierenden Eigenschaften verliert. Die Entstehung eines unzulässig hohen Temperaturgefälles zwischen dem eigentlichen Kondensatorkörper und der äußeren Gehäusewand kann sowohl, bei konstant bleibender Feldstärke, durch eine zu hohe Außentemperatur, als auch, bei konstant bleibender Außentemperatur, durch eine zu hohe Feldstärke bedingt sein.

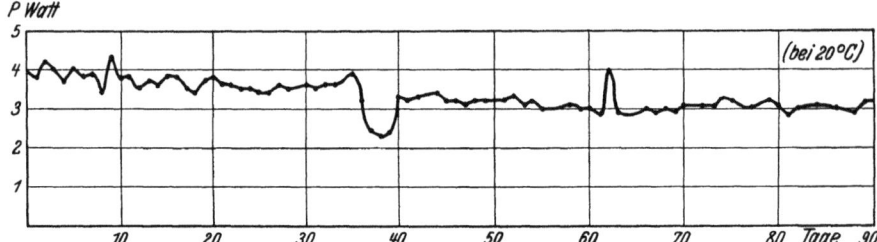

Bild 7. Wirkverluste (in Watt) als Funktion der Belastungsdauer (in Tagen) bei 20° C.

Zur Untersuchung dieser Verhältnisse wurde einer der 15 µF-Kondensatoren (flach gepreßte Type) nacheinander an 220, 400 und 520 Volt gelegt und jeweils vorher auf 40° C künstlich erwärmt, da sich unter dieser Versuchsbedingung die diesbezüglichen Verhältnisse in besonders charakteristischer Weise herausbildeten. Bild 6 zeigt in den Kurven a (für 220 Volt), b (für 400 Volt) und c (für 520 Volt) die Zeitabhängigkeit der Verluste bei den Feldstärken 4,9—8,9 und 11,5 $kV_{effekt/mm}$.

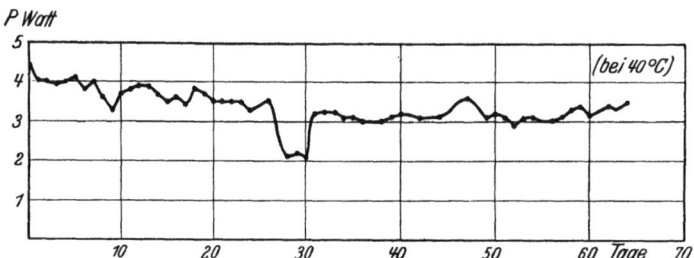

Bild 8. Wirkverluste (in Watt) als Funktion der Belastungsdauer (in Tagen) bei künstlicher Erwärmung auf 40° C.

Ähnliche Beobachtungsergebnisse sind auch an Hartpapierdurchführungen von Berger (1) gewonnen worden, der diese Verhältnisse an Hand einer graphischen Wärmebilanz in anschaulicher Weise darstellt; er kommt zu dem Ergebnis, daß von einer bestimmten Spannungsbeanspruchung ab die Wärmeableitung nicht mehr genügt, so daß der Isolierstoff durch Selbsterhitzung zugrunde geht.

Die Erscheinung der Wärmestauung an den Isolierrändern wurde durch eine rein konstruktive Maßnahme in der Weise behoben, daß bei der Herstellung neuer Wickelkörper breitere Metallfolien zur Verwendung gelangten, die jeweils auf einer Seite über das Isoliermaterial herausragten. Hierdurch war die Möglichkeit einer genügenden Abführung der Verlustwärme aus dem Kondensatorinneren gegeben, so daß, wie Kurve d in Bild 5 zeigt, auch bei 40° C künstlicher Erwärmung nur ein sehr langsamer Anstieg der Verluste erfolgt.

Es erscheint, auf Grund dieses zuletzt erhaltenen Versuchsergebnisses, die Annahme nicht unberechtigt, daß die Verluste eines Kondensators, nach Erreichung des inneren Wärmegleichgewichtes, einem konstanten Endwert zustreben. Die weiteren Untersuchungen, die sich auf einen Zeitraum von mehreren Tagen bzw. Monaten erstreckten, zeigten jedoch, daß dieses nicht der Fall ist. Die Verluste führten vielmehr normalerweise Schwankungen wechselnder Höhe um einen Mittelwert aus. In Bild 7 sind diese Verhältnisse für einen auf 20° C Raumtemperatur befindlichen und in Bild 8 für einen auf 40° C künstlich erwärmten Kondensator bei 400 Volt Betriebsspannung während eines 90- bzw. 64tägigen ununterbrochenen Betriebes dargestellt. Der Spannungsgradient betrug bei beiden Kondensatoren 8,9 kV/mm; auch bei wesentlicher Herabsetzung der Feldstärke traten in dieser Beziehung keine grundsätzlichen Änderungen ein, wie dieses an einem Kondensator beobachtet werden konnte, dessen spezifische Beanspruchung nur 3,8 kV/mm betrug.

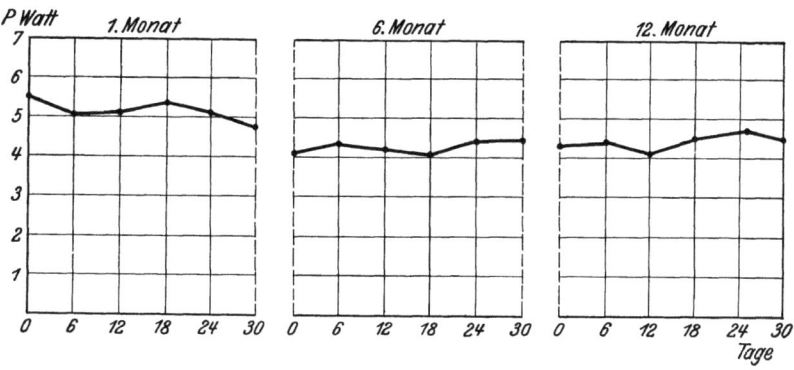

Bild 9. Wirkverluste (in Watt) als Funktion der Belastungsdauer (in Tagen) im ersten, sechsten und zwölften Monat des ununterbrochenen Betriebes bei 400 Volt.

Zu ähnlichen Ergebnissen gelangte Brückmann (2) bei der Dauerspannungsprüfung eines Karetnjakabels, und ferner fand Möllinger (3) bei reinen Ölkondensatoren, allerdings nur während einer verhältnismäßig kurzen Einlaufperiode, starke Verlustschwankungen im Dauerbetrieb. Es erscheint demnach, wenigstens auf Grund des bisher vorliegenden Versuchsmaterials, durchaus fraglich, ob jemals in dieser Beziehung konstante Verhältnisse zu erwarten sind; das geht insbesondere auch aus Bild 9 hervor, das den Verlustverlauf eines bei 400 Volt Betriebsspannung mit 3,8 kV/mm beanspruchten Kondensators, der während eines ganzen Jahres ununterbrochen an Spannung lag, im ersten, sechsten und zwölften Betriebsmonat zeigt. Vom sechsten Monat ab konnten die Verlustmessungen, wegen anderweitiger Besetzung der Meßeinrichtung, nur noch in Abständen von je 6 Tagen erfolgen; zur besseren Vergleichsmöglichkeit sind deshalb auch von den im ersten Betriebsmonat täglich aufgenommenen Meßpunkten nur die auf jeden sechsten Tag entfallenden eingetragen. Man erkennt hieraus, daß die Verluste, auch nach Ablauf eines vollen Jahres, die gleichen Schwankungen zeigen wie zu Beginn des Dauerversuches.

Eine exakte Erklärung für dieses eigentümliche Verhalten der Verluste ist heute noch nicht möglich. Temperaturschwankungen der Umgebung des Kondensators können hierfür allein jedenfalls nicht verantwortlich gemacht werden, da auch die im Wärmeschrank (mit einer Reguliergenauigkeit von ± 1° C) befindlichen Kondensatoren (s. Bild 8) grundsätzlich das gleiche Verhalten zeigten. Es eröffnet sich hier ein Gebiet, in das die wissenschaftliche Erkenntnis bisher nur wenig eingedrungen ist. Man muß den Eindruck gewinnen, daß es sich bei dem fraglichen Dielektrikum nicht um ein „totes" Material, sondern um eine im elektrischen Sinne stetig „arbeitende" Isolationsmasse handelt. Als feststehend ist jedenfalls anzusehen, daß sich unter der dauernden Einwirkung des elektrischen Feldes gewisse Zustandsänderungen abspielen, die ihrerseits Änderungen der elektrischen Materialeigenschaften zur Folge haben. Bei der Beurteilung dieser Verhältnisse ist zu berücksichtigen, daß es sich bei dem fraglichen Dielektrikum keineswegs um ein einheitliches stoffliches Gefüge handelt, sondern daß schon bei ganz oberflächlicher Betrachtung fünf, in ihren elektrischen Eigenschaften grundverschiedene Bestandteile zu unterscheiden sind, nämlich die Zellstoffaser, das Imprägniermittel, Luft- und Wassereinschlüsse, sowie gegebenenfalls aus der Zellulosebehandlung herrührende Säurespuren. Wenn man, in Anlehnung an die Maxwell (4)- K. W. Wagnersche Theorie (5) über die Ursache der dielektrischen Verluste, von der Vorstellung ausgeht, daß diese in Inhomogenitäten des Isolierstoffes, d. h. elektrisch gesprochen in der örtlich verschiedenen Dielektrizitätskonstanten und Leitfähigkeit der einzelnen Volumenelemente zu erblicken ist, so erscheint es bei dem hier zur Erörterung stehenden stofflichen Konglomerat an sich durchaus nicht verwunderlich, daß diese wesensverschiedenen Bestandteile ein voneinander abweichendes chemisches und physikalisches Verhalten im elektrischen Wechselfelde zeigen, das sich in der beobachteten Veränderlichkeit der Verluste äußert. Auch ist zu berücksichtigen, daß der Kondensator neben den bis jetzt besprochenen auf rein elektrische Erscheinungen zurückzuführenden Verlusten noch mechanische Verluste besitzt, die durch die Vibration der Belegungen im Takte der Netzfrequenz hervorgerufen werden und die ihrerseits ebenfalls eine Vergrößerung der Verlustkomponente des Ladestromes bedingen. Es ist nicht von der Hand zu weisen, daß auch diese Bewegungen der Metalleinlagen, deren Vorhandensein man an dem allerdings nur schwach hörbaren „singenden" Geräusch erkennen kann, den zeitlichen Verlauf der Verluste im Dauerbetrieb beeinflussen. Hinzu kommt weiter, daß es sich bei den benutzten Zellulosepapieren um einen hygroskopischen Faserstoff handelt, in dessen kapilaren Räumen Feuchtigkeitseinschlüsse vorhanden sind, und daß dieser Faserstoff bei der Herstellung einem verhältnismäßig starken Druck auf der Papiermaschine ausgesetzt wurde, so daß, da er hierbei an Saugfähigkeit verloren hat, die Verteilung des Imprägniermittels im Innern nicht überall gleichmäßig sein wird. In welchem Maße allerdings diese einzelnen Erscheinungen an der Veränderung der elektrischen Eigenschaften, wie diese in der Verlustmessung zum Ausdruck kommt, beteiligt sind, entzieht sich bis jetzt unserer Kenntnis. Eine wesentliche Rolle dürfte hierbei jedoch der Feuchtigkeitsgehalt spielen, da durch die Untersuchungen von Evershed (6) bekannt geworden ist, daß die in den Papierkapillaren vorhandenen feinst verteilten Wassereinschlüsse, unter dem Einfluß einer elektrischen Spannung, Formänderungen unterliegen und zwar in der Weise, daß sich die Wasserteilchen mit zunehmender Feldstärke verdicken; hervorgerufen wird diese Wirkung vermutlich durch die Veränderung der mechanischen Oberflächenspannung des Wassers durch das elektrische Feld. Man führt hierauf beispielsweise auch die Abnahme des Isolationswiderstandes mit zunehmender Spannung zurück (Evershed-Effekt), wie dieses u. a. von Retzow (7) und K. W. Wagner (8) an ungetränkten und getränkten Natron- und Sulfitzellulosepapieren festgestellt wurde. In diesem Zusammenhang sei noch darauf hingewiesen, daß auch amorphe Körper, wie beispielsweise Glas, eine starke Spannungsabhängigkeit des Isolationswiderstandes zeigen [s. Mündel (11)].

Außer den vorstehend gekennzeichneten Vorgängen sind wahrscheinlich auch noch elektroosmotische Erscheinungen, die nach Hentschel (9) auch bei Wechselstrom durch eine Art Gleichrichterwirkung der Zellstoffaser entstehen können, Glimmentladungen, und sei es auch nur in der Form des dunklen Vorstromes, chemische Reaktionen und lokale Erwärmungserscheinungen von Einfluß auf den inkonstanten Verlauf der Verluste bei Dauerbeanspruchung. Gegenüber der Mannigfaltigkeit dieser noch völlig ungeklärten Fragen ist als feststehend lediglich die Tatsache anzusehen, daß sich diese Zustandsänderungen nicht in einer stetigen Zunahme der meßbaren Verluste, d. h. also in einer Verschlechterung des Kondensators auswirken, sondern daß jeweils auf ein Verlustmaximum auch wieder ein Verlustminimum folgt. Wie aus den Abbildungen hervorgeht, ist übrigens bei sämtlichen Dauerversuchen eine leichte Absenkung des Verlustniveaus im Laufe der Dauerbeanspruchung unverkennbar. Hervorzuheben ist ferner noch, daß diese Erscheinungen nicht etwa an paraffinimprägnierte Faserstoffe gebunden sind, sondern daß auch Kondensatoren mit ölgetränkter Papierisolation das gleiche Verhalten zeigten.

Die vorstehend beschriebenen, mehr oder weniger regelmäßigen Verlustschwankungen stellen offenbar, da sie zeitlich nicht begrenzt sind und unabhängig von der Art des Imprägniermittels (Paraffin oder Öl), der Höhe des Spannungsgradienten (3,8 bzw. 8,9 kV/mm) und der Temperatur (20 bzw. 40° C) auftreten, eine für den Kondensator der fraglichen Bauart eigentümliche Erscheinung dar; sie bewegen sich durchschnittlich innerhalb der Grenzen von ± 5—10% des Mittelwertes.

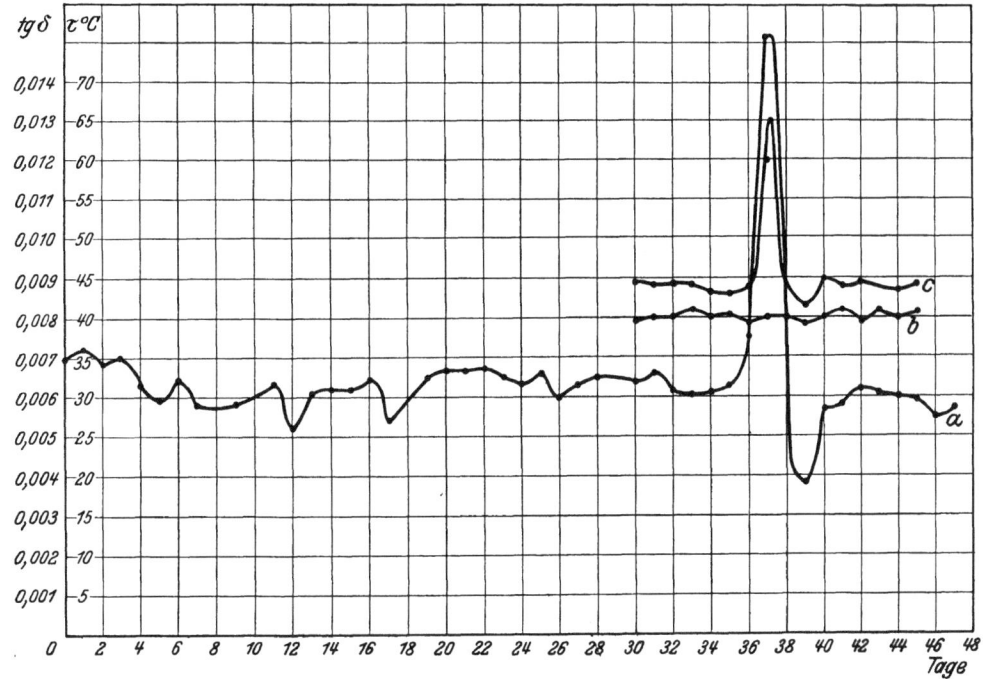

Bild 10. tg δ (Kurve a), Ofentemperatur (Kurve b) und Kondensatortemperatur (Kurve c) als Funktion der Belastungsdauer (in Tagen).

Bei einem Teil dieser mit 8,9 kV/mm beanspruchten und auf 40° C künstlich erwärmten Paraffinkondensatoren konnte jedoch im Dauerbetriebe noch eine weitere besonders eigentümliche Erscheinung beobachtet werden. Diese bestand darin, daß die Verluste anfänglich die bereits bekannten „normalen" Schwankungen zeigten, um nach mehrtägiger Betriebszeit plötzlich auf einen Wert anzusteigen, der etwa dem doppelten bisherigen Mittelwert entsprach bzw. ihn in einzelnen Fällen sogar noch übertraf. Mit diesem außerordentlichen Verlustanstieg war natürlich auch eine entsprechend starke Erwärmung des Kondensatorkörpers verbunden, so daß das als Vergußmasse dienende Paraffin vollständig dünnflüssig wurde. Bei dem erstmaligen Eintreten dieser Erscheinung wurde die Verlustmessung unterbrochen, da offenbar mit einer Zerstörung des Dielektrikums zu rechnen war. Der Kondensator blieb jedoch weiter an Spannung und schlug, wider alles Erwarten, nicht durch. Die Temperatur, die innerhalb 24 Stunden auf einen Höchstwert, der über dem Schmelzpunkt des Paraffines lag, angestiegen war, ging hierauf eigentümlicherweise von selbst so weit herunter, daß das Paraffin wieder fest wurde. Nachdem gewissermaßen die „Ungefährlichkeit" dieser Erscheinung erwiesen war, wurden bei ihrem zweiten

Eintreten die diesbezüglichen Verlustverhältnisse auch wattmetrisch verfolgt. Bild 10 gibt dieses Phänomen der selbsttätigen Verluststeigerung und -abnahme in besonders charakteristischer Weise wieder; der Verlustfaktor tg δ (Kurve a) stieg nach 35 tägigem ununterbrochenen Betriebe von etwa 6×10^{-3} innerhalb 24 Stunden auf 15×10^{-3}, d. h. auf den 2,5 fachen Betrag an, um nach weiteren 48 Stunden wieder auf einen Wert herunterzugehen, der unterhalb des niedrigsten bisher beobachteten Minimalwertes lag. Der Kondensator befand sich, wie bereits erwähnt, in einem auf 40° C erwärmten Thermostaten (von etwa 1 m³ Rauminhalt) mit einer Reguliergenauigkeit von ± 1° C, so daß also äußere Wärmeeinflüsse nicht den Anstoß zu dieser Erscheinung gegeben haben können; Kurve b zeigt den Verlauf der Temperatur im Thermostaten. Die durchschnittliche Übertemperatur des Versuchsobjektes betrug vor Eintritt der fraglichen Erwärmungserscheinung etwa 3° C. Aus der ebenfalls eingezeichneten

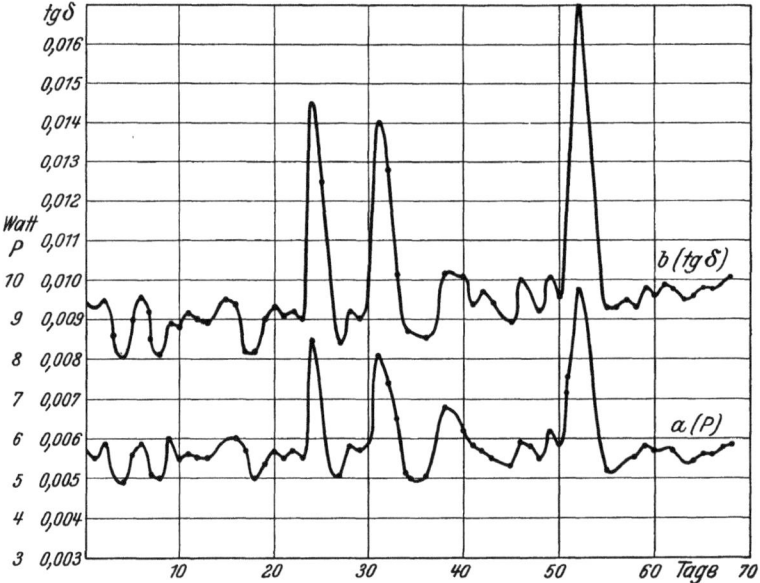

Bild 11. Wirkverluste in Watt (Kurve a) und tg δ (Kurve b) als Funktion der Belastungsdauer (in Tagen).

Kurve c der Kondensatortemperatur geht hervor, daß diese vom 35. Betriebstage ab von etwa 43° C allmählich ansteigt, am 37. Tage bei 65° C ein Maximum durchläuft und nach weiteren 2 Tagen wieder ihren früheren Normalwert erreicht hat. Bild 11 zeigt eine ähnliche Kurve, die an einem anderen, unter sonst gleichen Betriebsbedingungen arbeitenden Kondensator gewonnen wurde (Kurve a gibt den Verlauf der Wattverluste und Kurve b den der zugehörigen tg δ Werte wieder). In diesem Falle trat der fragliche Vorgang sogar dreimal hintereinander auf, ohne zu einem Zusammenbruch des Dielektrikums zu führen.

Es ist ohne weiteres einzusehen, daß es sich bei dieser Erscheinung nicht um die bereits besprochene Art der selbsttätigen Verluststeigerung handeln kann, da sich während der vorangegangenen 35- bzw. 23 tägigen Betriebszeit vollkommen konstante Erwärmungsverhältnisse eingestellt hatten. Das Labilwerden des Wärmegleichgewichtes mit darauffolgender Selbsterhitzung dürfte vielmehr auf Vorgänge zurückzuführen sein, die sich im Innern des Kondensators abspielten und die sich erst allmählich, durch die dauernde Einwirkung des elektrischen Feldes auf die geschichtete Papierisolation, herausbildeten. Wollte man die Erscheinung nur durch eine nachträglich eintretende, bleibende Verschlechterung des Dielektrikums erklären, so wäre immer noch die Frage offen, wodurch der eigenartigste Teil dieses Vorganges, nämlich die selbsttätige Abnahme der Verluste, bedingt ist.

Obwohl eine einwandfreie Klärung dieser Verhältnisse nur durch eingehende Spezialuntersuchungen, die sich sowohl in elektrischer als auch in chemischer Richtung zu erstrecken hätten, zu erlangen sein wird, soll hier doch eine Auffassung über die Ursache wiedergegeben werden, die eine gewisse Wahrscheinlichkeit für sich hat.

Das zum Aufbau der Versuchskondensatoren benutzte Sulfitzellulosepapier zeigte teilweise einen verhältnismäßig hohen Säuregehalt (es wurden an den ungetränkten Papieren Säurezahlen bis 0,65 mg NaOH/1 g Papier gefunden), der höchstwahrscheinlich auf ungenügendes Auswaschen der Rohzellulose oder auf Auswaschen mit ungenügend heißem Wasser zurückzuführen ist. Es ist demnach anzunehmen, daß in den imprägnierten Papierschichten neben Wassereinschlüssen auch Säurerückstände vorhanden sind; das würde in dielektrischer Beziehung bedeuten, daß das paraffinierte Papier mit einer Dielektrizitätskonstanten von etwa 2—2,2 mit Flüssigkeitsresten mit einem ε bis etwa 80 durchsetzt ist. Es ist bekannt, daß Stoffe, die eine höhere Dielektrizitätskonstante als ihre Umgebung besitzen, beim Vorhandensein inhomogener Felder in Richtung der konvergierenden Kraftlinien bewegt, d. h. in das elektrische Feld hineingezogen werden. Diese Tatsache wurde beispielsweise in sehr anschaulicher Weise von Foerster (10) an einer Isolierölmischung gezeigt, deren Bestandteile verschiedenes ε besaßen. Im Hinblick auf den feldstörenden Einfluß der Belagränder sowie auf die mehr oder weniger rauhe Oberflächenbeschaffenheit der Beläge selbst (die nur bei flüchtiger Betrachtung „glatt" erscheinen) ist ferner nicht mit einem gleichförmigen Aufbau des elektrischen Feldes zu rechnen; beispielsweise werden sich etwaige Spitzen- und Kantenbildungen, bei den hier in Frage kommenden sehr kleinen Elektrodenabständen von $^4/_{100}$ bis $^5/_{100}$ mm, in dieser Beziehung besonders störend bemerkbar machen.

Es scheinen demnach die wesentlichen Voraussetzungen für das allmähliche Zustandekommen von Stellen erhöhter Leitfähigkeit im Dielektrikum, hervorgerufen durch lokale Wasser- und Säurekonzentrationen, gegeben zu sein. Da diese Stellen eine Zunahme der Wirkverluste bedingen, könnte man sich den ansteigenden Teil der fraglichen tg δ-Kurve durch eine Störung des thermisch-elektrischen Gleichgewichtes erklären. Aus der Tatsache, daß der Verlustanstieg überhaupt meßtechnisch erfaßbar ist, könnte man dann weiter schließen, daß es sich bei diesen „Stellen" erhöhter Leitfähigkeit nicht etwa um punktförmige Teile, sondern um größere Flächenabschnitte des aktiven Isolationsmaterials handeln muß, da die Leitfähigkeitszunahme von beispielsweise nur fadenförmigen Stellen des Dielektrikums, wegen des geringen Anteiles ihrer Verluste an dem Gesamtverlust, das Meßergebnis nicht wesentlich beeinflussen wird. In diesem Zusammenhang sei erwähnt, daß man auch an Hochspannungskabeln die Entstehung sog. „heißer Stellen" (in Amerika unter der Bezeichnung „hot spots" bekannt) im Dielektrikum beobachtet hat [Höchstädter (13)]; bei diesen handelt es sich jedoch, im Gegensatz zu der vorstehend beschriebenen Erscheinung, tatsächlich nur um örtlich eng begrenzte Flächenteile (wie man durch eine Thermometermessung an dem äußeren Kabelmantel nachgewiesen hat), deren Einfluß auf den Summenwert des dielektrischen Verlustes des Kabels sich wenig oder garnicht bemerkbar machte.

Diese bezüglich der Kondensatoren geäußerte Auffassung über die Ursache des Verlustanstieges vermittelt zugleich auch die Möglichkeit einer Erklärung für das Zustandekommen des zweiten Teiles der Erscheinung, für die selbsttätige Verlustabnahme. Es wurde bereits früher erwähnt, daß die Selbsterhitzung des Kondensators zur Verflüssigung des ihn umgebenden Paraffines führt; natürlich trifft dieses erst recht auf das zum Imprägnieren verwandte Paraffin im Kondensatorinneren zu. Es ist nun bekannt, daß Paraffin die Eigenschaft der Volumenzunahme beim Übergang vom festen in den flüssigen Zustand in besonders starkem Maße besitzt (entsprechend der stark hervortretenden Kontraktionserscheinung beim umgekehrten

Temperaturverlauf), so daß der Fall denkbar ist, daß durch das aus dem Kondensatorwickel unter einem gewissen inneren Überdruck austretende Paraffin mechanisch eine Verteilung der zusammengezogenen Säure- bzw. Flüssigkeitsreste bewirkt wird. Das würde aber bedeuten, daß die Stellen erhöhter Leitfähigkeit gewissermaßen durch eine Art Selbstreinigung (Regenerierung) verschwinden, und da hiermit die Ursache der Selbsterhitzung beseitigt ist, müßte die Kondensatortemperatur wieder auf ihren normalen Wert zurückgehen. Es handelt sich hierbei, wie gesagt, um eine durchaus noch unbewiesene Theorie; die eingehende Beschäftigung mit diesen Vorgängen führt jedoch zu, zum Teil vielleicht gefühlsmäßigen, Vorstellungen, die dem Fernerstehenden nicht ohne weiteres geläufig sein werden.

Die Erscheinung der selbsttätigen Verlustzu- und -abnahme wurde auch von Estorff (12) mehrfach an aus Hartpapier bestehenden Kondensatordurchführungen [Nagelklemme (s. DRP. 177667)] beobachtet, wenn diese längere Zeit elektrisch überbeansprucht wurden. Estorff erklärt jedoch den ansteigenden Teil der Kurve mit der allmählichen Verkohlung eines sich vorbereitenden Durchschlagpfades in einer der Teilschichten, während er die selbsttätige Verlustabnahme auf den tatsächlich erfolgten Durchschlag dieser Teilschicht zurückführt. Trotz der zwischen einem Kondensator und einer Kondensatorklemme in elektrischer Beziehung bestehenden Ähnlichkeit, sowie der äußeren Gleichartigkeit der hierbei beobachteten Erscheinungen, können die Ursachen hierfür selbstverständlich durchaus verschiedener Natur sein.

IV. Die Temperaturabhängigkeit der Kondensatorverluste.

Die Versuchsergebnisse des Abschnittes III deuten darauf hin, daß für die Größe und den zeitlichen Verlauf der in einem technischen Isolierstoff entstehenden Verluste der jeweilige Temperaturzustand von maßgebendem Einfluß ist. Es erscheint deshalb von Interesse, über die reine Temperaturabhängigkeit der Kondensatorverluste ein Bild zu gewinnen, sofern die Herausschälung dieses Abhängigkeitsverhältnisses aus der großen Zahl der sich überlagernden Vorgänge überhaupt möglich ist. Als Hauptverlustquellen eines Kondensators der vorstehend beschriebenen Art kommen in Frage, die auf die Nachwirkungserscheinung zurückzuführenden frequenzabhängigen Verluste, die auf reiner Stromleitung beruhenden (spannungsabhängigen) Stromquadratverluste, die durch die Vibration der Belegungen bedingten ,,mechanischen" Verluste und die Ionisations- und Strahlungsverluste. Bezüglich der beiden zuerst genannten Verlustarten sei hervorgehoben, daß in einem gut getrockneten festen Isolator die frequenzabhängigen Verluste und in einem vorzugsweise flüssigen Isolator die Stromleitungsverluste eine ausschlaggebende Rolle in der anteiligen Zusammensetzung des Gesamtverlustes spielen. Berücksichtigt man, daß es zwischen diesen beiden Grenzfällen des möglichen Aggregatzustandes eines technischen Isoliermaterials unendlich viele Zwischenstufen gibt, so erkennt man die außerordentlichen Schwierigkeiten, die sich jeweils einer exakten Trennung der beiden Verlustarten entgegenstellen müssen. Andererseits liegt jedoch die Vermutung nahe, daß man durch die Veränderung des Aggregatzustandes des Isolierstoffes die eine Verlustart in die andere überführen kann; besonders aussichtsreich erscheint dieser Versuch bei solchen Kondensatoren, deren Dielektrikum ausschließlich aus einem verhältnismäßig leicht schmelzbaren Material besteht. Es liegen diesbezügliche Messungen von Pungs (14) vor, der an einem Kolophonium-Bienenwachsgemisch mit einem Schmelzpunkt von etwa 50° C, diese Verhältnisse in überzeugender Weise klarlegte. In Bild 12 ist die von Pungs gefundene Beziehung: Verlust in Abhängigkeit von der Temperatur, dargestellt. Die Kurve I ist mit 60-periodischem und die Kurve II mit 25-periodischem Wechselstrom aufgenommen und zwar bei fallenden Temperaturen, um eine möglichst gleichmäßige Temperaturverteilung innerhalb des Versuchskondensators zu erhalten. Man erkennt hieraus, daß in dem Temperaturbereich, in dem das

Gemisch noch den Charakter einer reinen Flüssigkeit hat, die beiden mit verschiedenen Frequenzen aufgenommenen Kurven zusammenfallen; das läßt darauf schließen, daß es sich hier nur um frequenzunabhängige, d. h. Stromleitungsverluste handeln kann, während bei weiterer Abkühlung eine deutliche Frequenzabhängigkeit in Erscheinung tritt. Dabei ist noch besonders der eigentümliche V-förmige Verlauf der Kurven zu beachten, der offenbar dadurch bedingt ist, daß die Stromleitungsverluste mit fortschreitender Zähflüssigkeit des Gemisches mehr und mehr abnehmen, während sich von einem bestimmten Punkt ab, der etwas unterhalb des Schmelzpunktes des Gemisches liegt, eine Zunahme des frequenzabhängigen Anteiles des Verlustes bemerkbar macht. Ein weiteres charakteristisches Meßergebnis aus der Pungsschen Arbeit, das die vorstehend angeführte Auffassung über die Natur der Verluste in einem festen und einem flüssigen Isolator bestätigt, sei noch in Bild 13 wiedergegeben, das die Frequenzabhängigkeit der Verluste eines Kondensators zeigt, dessen Isolierschicht

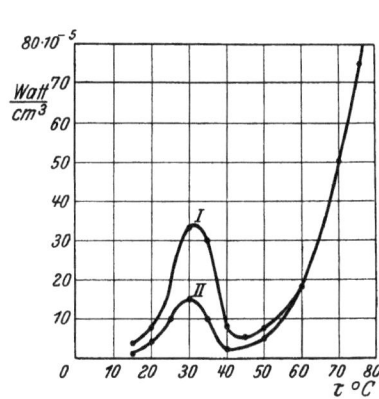
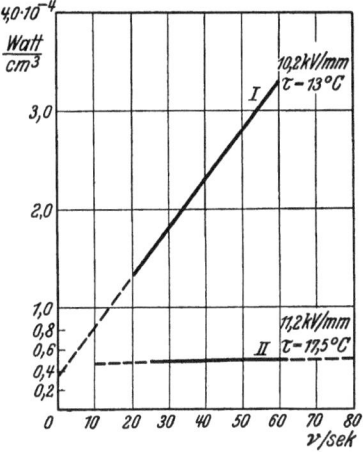

Bild 12. Wirkverluste in Watt pro cm³ als Funktion der Temperatur bei 60-periodischer (Kurve I) und bei 25-periodischer (Kurve II) Wechselspannung.

Bild 13. Wirkverluste in Watt pro cm³ als Funktion der Frequenz bei festem (Kurve I) und bei flüssigem (Kurve II) Kondensator-Dielektrikum.

im einen Falle aus dem oben erwähnten erstarrten Kolophonium-Bienenwachsgemisch (Kurve I) und im anderen Falle aus Transformatorenöl (Kurve II) bestand.

Ähnliches Versuchsmaterial liegt von Birnbaum (15) vor, der jedoch die Änderung des Aggregatzustandes des Dielektrikums nicht durch Erwärmung, sondern durch Mischung von Ölen mit zunehmenden Prozentsätzen von Harzen bewirkte und bei der Bestimmung der Temperaturabhängigkeit der Verluste fand, daß sich das Kurvenminimum mit zunehmender Zähflüssigkeit des Ausgangsgemisches immer mehr nach steigenden Temperaturen zu verschiebt; dieses Beobachtungsergebnis läßt ebenfalls darauf schließen, daß sich der Einfluß der Stromleitungsverluste erst dann in verstärktem Maße geltend macht, wenn der Isolator in den flüssigen Zustand übergeht.

Es ist somit als feststehend anzusehen, daß die Art des in einem Dielektrikum entstehenden Verlustes stark von dessen jeweiligem molekularen Zustand abhängig ist. Da diese Erkenntnis gewissermaßen an physikalischen „Modellkondensatoren" gewonnen wurde, bietet es ein besonderes Interesse zu untersuchen, welches Verhalten technische Kondensatoren der eingangs beschriebenen Bauart in dieser Beziehung zeigen. Zu diesem Zwecke wurde ein in ein Blechgefäß eingebauter Kondensator von $10 \cdot 10^{-6}$ Farad (flach gepreßte Type, entsprechend Bild 1) zunächst in einem Wärmeschrank 24 Stunden lang auf einer Temperatur von 75° C gehalten und daran anschließend die Verlustmessung während der langsamen Abkühlung bei konstanter

Spannung (400 Volt) vorgenommen. Die Temperaturbestimmung erfolgte durch ein Thermometer, dessen länglich ausgebildetes Quecksilbergefäß mit einer der seitlich herausgeführten Aluminiumfolie des Kondensators in unmittelbarer Berührung stand, so daß Gewähr gegeben war, daß die abgelesenen Temperaturen mit den tatsächlichen Kondensatortemperaturen im wesentlichen übereinstimmten. Die hierbei erhaltene Temperaturabhängigkeit der Verluste zwischen 75 und 20° C ist in Bild 14 Kurve I dargestellt, während Kurve II das gleiche Abhängigkeitsverhältnis für einen zweiten Kondensator gleicher Bauart innerhalb des Bereiches von + 50° bis — 8° C wiedergibt. Man erkennt, daß auch die Verluste dieser Kondensatoren den gleichen V-förmigen Kurvenverlauf zeigen, der als besonders charakteristisch bereits bei den „Modellversuchen" gefunden wurde. Übrigens hat man auch bei Hochspannungskabeln (mit Harz-Ölimprägnierung), s. Höchstädter (13), diesen eigenartigen Verlauf der Verlustkurve beobachtet.

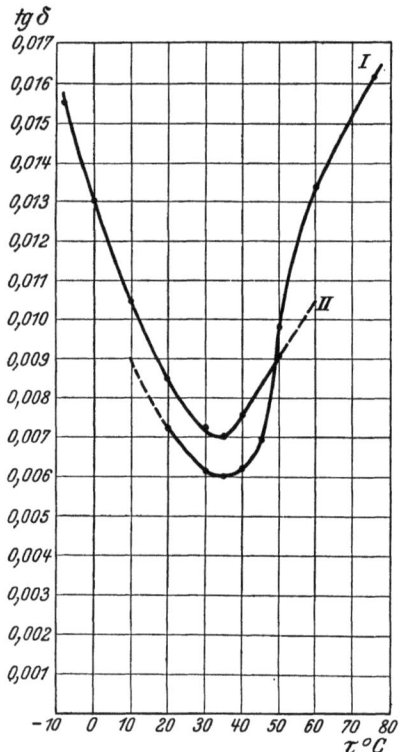

Bild 14. tg δ als Funktion der Temperatur für zwei Kondensatoren gleicher Bauart und Größe.

Ein Vergleich der in den Bildern 12 und 14 enthaltenen Kurven, der wegen der Verschiedenartigkeit der Meßobjekte natürlich nur ein qualitativer sein kann, läßt jedoch als wesentlichen Unterschied die Tatsache erkennen, daß bei den Pungsschen Versuchen das Kurvenminimum bei einer Temperatur (45° C) liegt, die von der Schmelztemperatur des Gemisches (50° C) nicht mehr weit entfernt ist, während die Verlustkurven des Bildes 14 bereits bei 35° C ihren Minimalwert zeigen, obwohl die Schmelztemperatur des zur Imprägnierung verwandten Paraffins etwa 60° C beträgt. Da nach der eingangs erwähnten Theorie über den Zusammenhang zwischen der Verlustart und dem Aggregatzustand des Dielektrikums das Kurvenminimum in dem Temperaturbereich zu erwarten ist, innerhalb dessen sich der Übergang vom festen zum flüssigen Zustand oder umgekehrt abspielt, erscheint das in Bild 14 dargestellte Beobachtungsergebnis zunächst widerspruchsvoll. — Geht man jedoch, eben in Anlehnung an diese Theorie, von der Vorstellung aus, daß die Verlustzunahme bei steigenden Temperaturen in einer erhöhten elektrolytischen Leitfähigkeit bedingt ist, so ist die Annahme nicht von der Hand zu weisen, daß diese erhöhte Leitfähigkeit in erster Linie auf die Anwesenheit von Feuchtigkeitseinschlüssen in den Zellstofffasern (bedingt durch ungenügende Durchimprägnierung) zurückzuführen ist. Es ließe sich somit auf diese Weise, und zwar in Übereinstimmung mit der Theorie, die Entstehung des Kurvenminimums auch bereits bei solchen Temperaturen erklären, bei denen sich das Dielektrikum „äußerlich" noch im festen Zustand befindet.

Wenn man jedoch die in dem Faserstoff eingeschlossenen Feuchtigkeitsreste für diese „vorzeitige" Verlustzunahme verantwortlich macht, so müßte es andererseits auch möglich sein, durch Veränderung des Feuchtigkeitsgehaltes, beispielsweise durch eine noch weiter getriebene Entfeuchtung des Dielektrikums, den Eintritt des Verlustanstieges nach höheren Temperaturen hin zu verschieben.

Ein dahin gehender Versuch wurde in der Weise vorgenommen, daß verschiedene Kondensatoren genau gleicher Bauart bei verschiedenen Vakua getrocknet und imprägniert wurden, so daß mit einem voneinander abweichenden Feuchtigkeitsgehalt der Isolationsmasse der einzelnen Kondensatoren zu rechnen war. Die Versuche wurden bei einem Vakuum von 30, 15 und 5 mm Hg ausgeführt, und zwar unter Beachtung aller möglichen Vorsichtsmaßnahmen, so daß als voraussichtliche einzige Variante nur der bei der Behandlung bestehende Unterdruck in Frage kam. Zur Erreichung einfacherer und übersichtlicherer Versuchsbedingungen wurde dieser Versuch mit rundgewickelten, nicht gepreßten Kondensatoren à 2,5 μF (s. Bild 2) ausgeführt, deren Herstellung bereits im Abschnitt II beschrieben wurde. Das Ergebnis der fraglichen Messungen (Brückenmessung) ist in Bild 15 dargestellt, und zwar zeigt Kurve I den Verlauf der Verluste in Abhängigkeit von der Temperatur für einen bei 30 mm, Kurve II für einen bei 15 mm und, Kurve III für einen bei 5 mm Hg her-

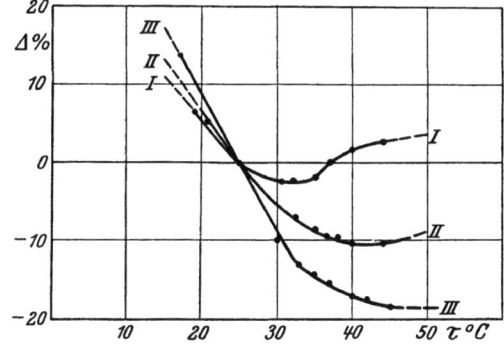

Bild 15. Prozentuale Änderung von tg δ als Funktion der Temperatur bei 30 mm (Kurve I), bei 15 mm (Kurve II) und bei 5 mm (Kurve III) Herstellungs-Vakuum.

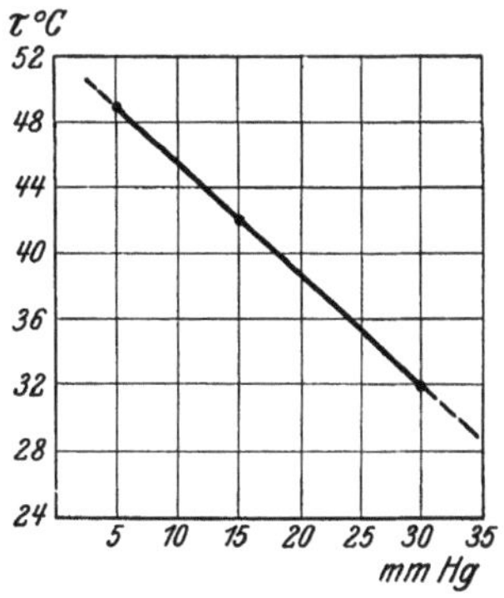

Bild 16. Die den Kurven-Minimalwerten des Bildes 15 entsprechenden Temperaturen als Funktion des Herstellungs-Vakuums (in mm Hg).

gestellten Kondensator; die Meßspannung betrug in jedem Falle 200 Volt. Zur besseren Hervorhebung des nur geringen unterschiedlichen Verhaltens der Meßobjekte sind als Ordinatenwerte, nicht wie bisher die Absolutwerte des Verlustfaktors, sondern deren prozentuale Änderungen, bezogen auf die bei 25° C bestehenden Werte, aufgetragen; eigentümlicherweise erwiesen sich bei dieser Temperatur die Verlustfaktoren der 3 Kondensatoren als nahezu gleich. Man erkennt aus Bild 15, daß, unter sonst gleichen Verhältnissen, mit höherem Herstellungsvakuum, d. h. also mit stärkerer Entfeuchtung des Isolationsmaterials, das Kurvenminimum tatsächlich nach **steigenden Temperaturen hin verschoben wird**; hierdurch gewinnt die vorstehend angeführte Vermutung, die den Verlustanstieg in dem noch festen Isolationsmaterial auf elektrolytische Stromleitung, hervorgerufen durch Flüssigkeitsreste in den Papierkapillaren, zurückführt, sehr an Wahrscheinlichkeit. In Bild 16 sind nochmals die den Kurvenminimalwerten entsprechenden Temperaturen in Funktion des jeweiligen Herstellungsvakuums aufgetragen. Beachtenswert erscheint ferner noch die aus Bild 15 ersichtliche stärkere Temperaturabhängigkeit der Verluste sowie der flachere Verlauf des Kurvenminimums bei Verwendung höherer Vakua.

V. Die Spannungsabhängigkeit der Kondensatorverluste.

Sofern die beiden Bestimmungsstücke eines Kondensators, der äquivalente Verlustwiderstand und die verlustlos gedachte Kapazität, unabhängig von äußeren oder elektrischen Einflüssen, ihren konstanten Wert beibehalten, wächst sowohl der Wirkverbrauch als auch der Blindverbrauch quadratisch mit der Spannung. Der Quotient aus beiden (tg δ) erweist sich demnach von der Spannung unabhängig, solange obige Voraussetzung zutrifft, während andererseits eine Abweichung vom Quadratgesetz durch ein Steigen oder Fallen des tg δ mit wachsender Feldstärke gekennzeichnet ist. Der Verlauf der Kurve tg $\delta = f(U)$ gestattet also, Rückschlüsse auf etwaige Veränderungsvorgänge im Inneren des Kondensatordielektrikums zu ziehen.

An den in Bild 2 dargestellten zylindrischen, nicht gepreßten Versuchskondensatoren war bereits zu Beginn der mit 400 Volt durchgeführten Dauerspannungsprüfung ein deutlich hörbares zischendes Geräusch wahrzunehmen, das auf mechanische Vibration der Belegungen oder auf Glimmen im Inneren des Kondensatorkörpers zurückgeführt wurde. Da beide Erscheinungen eine zusätzliche Verlustquelle darstellen, mußte ein stärkeres als quadratisches Ansteigen der Verluste, also eine Inkonstanz des tg δ, mit zunehmender Spannung erwartet werden.

Die diesbezüglichen Versuche wurden mit einem aus 6 zylindrischen Einheiten bestehenden Kondensatorsatz mit einer Gesamtkapazität von $14,5 \cdot 10^{-6}$ Farad bei Raumtemperatur von 21° C ausgeführt (s. Bild 2). Aus Bild 17 ist der Verlauf des

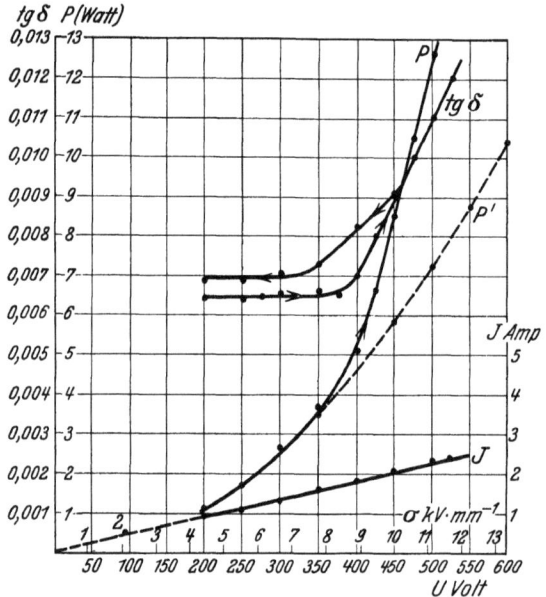

Bild 17. tg δ, Kondensatorverluste P (in Watt) und Ladestrom J (in Amp.) als Funktion der Spannung U bzw. der spezifischen Beanspruchung σ.

Verlustfaktors tg δ bei steigender und fallender Spannung ersichtlich. Die Aufnahme der Meßpunkte erfolgte schnell hintereinander, um nach Möglichkeit eine Beeinflussung des Meßergebnisses durch Eigenerwärmung des Kondensators zu vermeiden. Man erkennt, daß die zunächst parallel zur Abszissenachse verlaufende tg δ-Kurve bei etwa 375 Volt, entsprechend einer spezifischen Beanspruchung von 8,34 kV/mm, einen deutlich ausgeprägten Knickpunkt besitzt und dann weiter bis 525 Volt sehr stark ansteigt. Im Hinblick auf den sehr geringen Elektrodenabstand von etwa $^{45}/_{1000}$ mm ist bei der Ermittlung des Spannungsgradienten der zwischen konzentrisch angeordneten zylindrischen Elektroden vorhandene logarithmische Feldverlauf außer acht gelassen und ein linearer Aufbau des Feldes angenommen. Die mit steigender und fallender Spannung erhaltenen Kurvenäste decken sich unterhalb 460 Volt nicht mehr. — Daß tatsächlich ein stärkeres als quadratisches Ansteigen der Verluste stattfindet ergibt sich insbesondere auch aus einem Vergleich der Kurve P, die die Absolutwerte der bei steigender Spannung gemessenen Verluste darstellt, mit der Kurve P', die unter der Voraussetzung einer rein quadratischen Verlustzunahme errechnet wurde. Der Berechnung des äquivalenten Verlustwiderstandes wurde der bei $U = 300$ Volt gemessene Verlustwert von $P = 2,6$ Watt zugrunde gelegt; es ergibt sich ein Widerstandswert von $R_p = 34600$ Ohm, der im Kondensatorersatzschema als parallel zur Kapazität liegend anzunehmen ist. Ferner zeigt noch die Kurve I in Bild 17 die lineare Zunahme des Ladestromes mit der Spannung. — Berechnet man auch die übrigen zu den einzelnen Spannungen gehörigen Werte des äquivalenten Wechselstromwiderstandes $\left(R_p = \frac{U^2}{P}\right)$ und der Kapazität $\left(C = \frac{I}{U \cdot \omega}\right)$, so erhält man innerhalb des Spannungsintervalles von 200 bis 525 Volt eine etwa 50%ige Abnahme des Wirkwiderstandes und eine etwa 7,4%ige Zunahme der Kapazität. Bild 18 zeigt das Verhalten von R_p und C bei steigender und fallender Spannung. Man erkennt, daß die Widerstandsänderung von R_p schon bei etwa 275 Volt beginnt und daß sich insbesondere auch die Zunahme der Kapazität schon bei sehr niedrigen Spannungen bemerkbar macht. Demgegenüber muß darauf hingewiesen werden, daß die Änderung des tg δ-Wertes erst bei wesentlich höheren

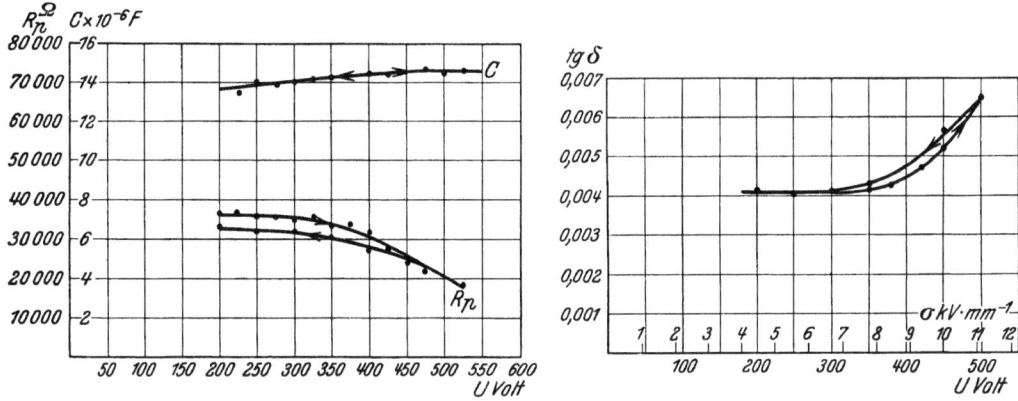

Bild 18. Kapazität C und äquivalenter Verlustwiderstand R_p als Funktion der Spannung U.

Bild 19. tg δ als Funktion der Spannung U bzw. der spezifischen Beanspruchung σ.

Spannungen (350 bis 375 Volt) in Erscheinung tritt. Es ist dieses darauf zurückzuführen, daß die Abnahme des Wirkwiderstandes (R_p) eine Zunahme des Wirkverbrauches und das Anwachsen der Kapazität ebenfalls eine Zunahme des Blindverbrauches bedingt $\left(\text{tg } \delta = \frac{P_w}{P_{Bl}} = \frac{1}{R_p \cdot \omega C}\right)$. Das Verhältnis von Wirk- zu Blindverbrauch bleibt deshalb bei den anfänglich geringen Änderungen der R- und C-Werte konstant, solange Zähler und Nenner des Quotienten die gleiche prozentuale Zunahme zeigen. Man muß hieraus den Schluß ziehen, daß der Verlauf der R- und C-Kurve ein besseres Kriterium für den Eintritt der im Inneren des Kondensators sich abspielenden Veränderungsvorgänge darstellt als der Verlauf der tg δ-Kurve.

Bild 19 zeigt das Ergebnis einer mit der Scheringschen Brücke vorgenommenen Verlustmessung an einem 2,5 μF-Kondensator gleicher Bauart. Man erhält hierbei qualitativ das gleiche Bild wie bei der wattmetrischen Messung an der 14,5 μF-Einheit, der Anstieg der Verlustfaktorkurve erfolgt lediglich etwas früher.

Aus diesen Messungen geht zwar hervor, daß oberhalb einer bestimmten Feldstärke zu den normalen dielektrischen Verlusten ein neues verlusterhöhendes Moment hinzutritt, jedoch ist es noch nicht möglich, eine Entscheidung über die Art dieses Verlustes zu treffen. Insbesondere ist zu beachten, daß ein stärkeres als quadratisches Ansteigen der Verluste mit der Spannung auch durch die Anwesenheit von Feuchtigkeit im Faserstoff bedingt sein kann. Nach Versuchen von Evershed (6) zeigen feuchtigkeitshaltige Faserstoffe immer eine Zunahme der Leitfähigkeit mit höherer Spannung. Hierüber liegen u. a. Messungen von Birnbaum (15) für reine Öle und Harzölgemische, von Brückmann (2) für Karetnjakabel, von Berger (1) für Hartpapier und von Emanueli (16) für ölgetränkte Kabelisolation vor; diese zeigen jedoch alle eine stetige Zunahme der über der Spannung aufgetragenen tg δ-Werte, im Gegensatz zu den in den Bildern 17 und 19 dargestellten Kurven, die auf eine plötzlich einsetzende Eigenschaftsänderung schließen lassen.

Zur weiteren Klärung wurde deshalb einer der fraglichen 2,5 μF-Kondensatoren in ein luftdicht abschließendes Glasgefäß gebracht und unter Dauerspannung (400 Volt) gesetzt. Bereits nach mehrstündigem Betrieb konnte beim Abheben des Deckels ein deutlicher Ozongeruch festgestellt werden; außerdem zeigte ein an der Stirnseite des Wickels angebrachtes jodkaliumhaltiges Ozonreagenzpapier die bekannte Braunfärbung, die auf die Entstehung von freiem Jod durch O_3 zurückzuführen ist. Der zusätzliche Verlust war somit eindeutig als Glimmverlust, wenigstens in seinem überwiegenden Teil, charakterisiert. Es sei noch hervorgehoben, daß auch das zischende Geräusch bei etwa 350 bis 375 Volt plötzlich einsetzte und sich bei weiterer Spannungssteigerung verstärkte. Der hörbare und meßbare Einsatz des Glimmens erfolgt also mit großer Annäherung übereinstimmend bei der gleichen Feldstärke.

Über einen ähnlichen Verlauf der „Ionisierungskurve" tg $\delta = f(U)$ berichten u. a. Höchstädter (29), van Staveren (30), Konstantinowsky (20) und Birnbaum (15) für Kabel, Berger (1) und Frensdorff (31) für Hartpapierisolation und Hentschel (9) für ölgetränkte Papiere; die Versuchsergebnisse des an letzter Stelle genannten Verfassers erscheinen im Rahmen der vorliegenden Arbeit besonders beachtlich; auch Hentschel hat bereits bei den sehr niedrigen Spannungen von 300—400 Volt Glimmerscheinungen beobachtet.

Die Entstehung der Ionisationserscheinung wurde auf die Anwesenheit dünner Luft- bzw. Gasschichten im Kondensatorinneren zurückgeführt und zwar lag die Vermutung nahe, daß der unvollkommene Durchbruch der eingeschlossenen Luft- bzw. Gasteilchen in erster Linie an den scharfkantigen Rändern der Aluminiumfolie infolge der dort zu erwartenden erhöhten Beanspruchung erfolgt. Derartige Randentladungen hat man bei Hochspannungskondensatoren bereits beobachtet und Vorkehrungen hiergegen in der Weise getroffen, daß man zu einer Verdickung des Dielektrikums am Belagrand [s. Moscicki-Kondensatoren (32)] oder zur Anbringung eines „Widerstandsrandes" an den Belegungen (s. DRP. Nr. 399833 und 430540) überging.

Bei der Öffnung eines Kondensators nach mehrtägigem Betriebe ergab sich jedoch kein Anhaltspunkt für die Lage der Glimmstellen, da keinerlei für das Auge erkennbare Veränderungen an dem Dielektrikum festzustellen waren. Das Bild änderte sich indessen nach einer Dauerspannungsprüfung von weiteren 14 Tagen; jetzt zeigten sich deutlich gelb bis braun gefärbte Stellen zwischen dem Metallbelag und der ersten mit ihm in Berührung stehenden Papierschicht. Die Braunfärbungen erstreckten sich jedoch, wie aus Bild 20 ersichtlich, in axialer Richtung über die ganze aktive Folienbreite und hörten eigentümlicherweise scharfkantig mit den Belagrändern auf. Man muß hieraus schließen, daß es sich bei der beobachteten Glimmerscheinung nicht um eine „Randwirkung" handeln kann, sondern daß höchstwahrscheinlich in der Mitte des Wickels eingeschlossene Luftreste hierfür verantwortlich zu machen sind.

Bei der Ionisation von Luft und besonders von feuchtigkeitshaltiger Luft entstehen freie Sauerstoffatome, Ozon und Stickstoffverbindungen und es ist zu befürchten, daß diese Zersetzungsprodukte mit der Zeit sowohl die Zellstoffaser als auch das Imprägniermittel angreifen und elektrisch und mechanisch zerstören. Obwohl man heute im allgemeinen die im Inneren einer Isolierschicht vorhandene Glimmentladung als Vorbote des kommenden dielektrischen Zusammenbruches, wenn auch gegebenenfalls erst nach längerer Betriebszeit, ansieht, findet man in der Literatur doch noch vereinzelt die gegenteilige Ansicht vertreten. Man geht dabei u. a. von der Vorstellung aus, daß die durch die Einwirkung des Ozons entstandenen

Verbrennungsprodukte eine höhere Dielektrizitätskonstante als das ursprünglich an ihrer Stelle befindliche lufthaltige Material besitzen und daß hierdurch eine dielektrische Entlastung der Glimmstellen und ein automatisches Aufhören des Glimmens bedingt sein könnte (wobei natürlich noch die Frage offen bliebe, wie sich das gesunde Material in chemischer Beziehung gegenüber den bereits vorhandenen Zersetzungsprodukten verhält).

Bei der Öffnung der der Dauerspannungsprüfung unterworfenen Kondensatoren nach verschieden langen Betriebszeiten ergab sich jedoch, daß die Glimmstellen eine immer dunklere Färbung annahmen, so daß mit einem stetigen Fortschreiten des Oxydationsprozesses zu rechnen ist. Wie bereits erwähnt, wurden die Glimmstellen

Bild 20. Zwischen einem Belag und der ihm anliegenden Papierschicht bei 400 Volt Betriebsspannung entstandene Glimmstelle; spezifische Beanspruchung $\sigma = 8{,}9$ kV pro Millimeter (rundgewickelte, nicht gepreßte Type).

immer in der Berührungsschicht zwischen Metall und Papier gefunden; es ist hieraus zu schließen, daß sich der Entladungsvorgang in unmittelbarer Nähe der Elektroden abspielt, während die mittleren Teile des Dielektrikums in einem störungsfreien Gebiete zu liegen scheinen; wir haben es also hier offenbar mit einer einseitig elektrodenlosen Entladung zu tun. Die Ausbildung der Glimmstellen war übrigens bei Verwendung von Zinn als Elektrodenmaterial wesentlich stärker als bei Verwendung von Aluminium, sonst gleiche Verhältnisse vorausgesetzt. Das Zersetzungsprodukt selbst stellt nach mehrmonatlichem Betriebe eine feste braune Kruste dar, nach deren Entfernung (beispielsweise durch Abwaschen mit Trichloräthylen) sich feine, wie mit einer Stecknadelspitze gestochene Löcher in dem Papier zeigten. Es dürfte damit, wenigstens mit Bezug auf paraffinimprägnierte Papiere, der Nachweis erbracht sein, daß die Glimmentladung eine Gefahrenquelle darstellt, deren Bedeutung für die Betriebssicherheit des Dielektrikums nicht unterschätzt werden darf.

Über das Aussehen der beispielsweise in Hochspannungskabeln entstehenden Glimmstellen berichten u. a. das Forschungslaboratorium der Brooklyn-Edison Comp. (17) und Delmar (18), die ein teigartiges Zersetzungsprodukt bei öl- und petrolatimprägnierter Papierisolation fanden; es erinnert dieses an die Herstellung des bekannten hochviskosen Voltolöles (19), das ebenfalls durch die Einwirkung elektrischer Glimmentladungen auf dünnflüssige Mineralöle entsteht. Auch regelrechte Verbrennungsspuren sind im Kabeldielektrikum bereits beobachtet worden [s. Konstantinowsky (20) und Ludin (21) sowie Whitehead (22)], für die ebenfalls Entladungsvorgänge in eingeschlossenen Luft- und Gasbläschen verantwortlich gemacht werden.

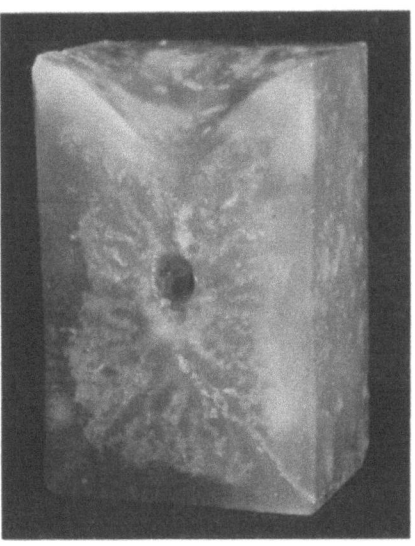

Bild 21. Paraffin-Versuchskörper, der das starke Schwinden und die Hohlraum- und Rissebildung des Paraffins veranschaulicht (bei Abkühlung von 120° auf 20° C).

Die hier in Frage stehende Entladungsart der Stoßionisation ist nicht nur eine Funktion der Intensität des elektrischen Feldes, sondern setzt auch eine gewisse räumliche Ausdehnung der zu ionisierenden Luft- bzw. Gasschicht voraus; die zwischen den Elektroden sich bewegenden positiven und negativen Elektrizitätsteilchen erzeugen nur dann aus den neutralen Molekeln neue Träger, wenn ihnen eine bestimmte Mindestweglänge zur Verfügung steht, auf der sie sich die zur Stoßionisation erforderliche Geschwindigkeit bzw. kinetische Energie aneignen können. Das Zustandekommen dieser Gasschichten im Kondensatordielektrikum wurde zunächst auf ungenügende Imprägnierung bzw. auf Imprägnierung mit ungenügend hohem Vakuum zurückgeführt. In dieser Richtung angestellte Versuche, bei denen wesentlich längere Evakuierungszeiten sowie Unterdrucke bis 0,5 mm vor absolut zur Verwendung gelangten, hatten jedoch bezüglich der Lage des Ionisierungspunktes keinerlei praktischen Erfolg; in jedem Falle setzte die hör- und meßbare Glimmentladung zwischen 375 und 400 Volt ein.

Eine Erklärung für die Unabhängigkeit des Ionisierungspunktes von Behandlungsdauer und Behandlungsvakuum ergab erst die Untersuchung des physikalischen Verhaltens des zur Imprägnierung benutzten Paraffins während des Erstarrungsvorganges. Paraffin besitzt, wie bereits im Abschnitt III erwähnt, eine besonders stark ausgeprägte Kontraktionswirkung, d. h. es zieht sich bei Unterschreitung einer bestimmten Temperatur, der Schmelztemperatur, plötzlich sehr stark zusammen. Die experimentelle Verfolgung des eigentlichen Schwindvorganges stößt auf erhebliche

Schwierigkeiten, da das in den äußeren Schichten befindliche Paraffin bereits erstarrt bzw. halberstarrt ist, während sich das noch flüssige Paraffin der inneren Schichten nachträglich weiter zusammenzieht und hierdurch zu Hohlraum- und Rissebildungen Veranlassung gibt. Bild 21 zeigt einen Paraffinversuchskörper, der diese Verhältnisse in anschaulicher Weise wiedergibt; der im Inneren erkennbare Hohlraum ist offenbar dadurch entstanden, daß die äußeren Schichten bereits erstarrt waren, als sich der Kern noch im flüssigen Zustand befand. Die Gesamtschwindung des Paraffins liegt in der Größenordnung von 10 bis 15%. Es kommt jedoch nicht so sehr auf diesen Absolutwert an, als vielmehr auf die besondere Art, wie sich der Schwindvorgang als solcher abspielt. Auf Grund einer großen Zahl angestellter Versuche ergab sich folgendes angenähertes Bild über den Mechanismus des Schwindens: Bezeichnet man das Gesamtschwindvolumen eines Paraffinkörpers bei Abkühlung von 100°

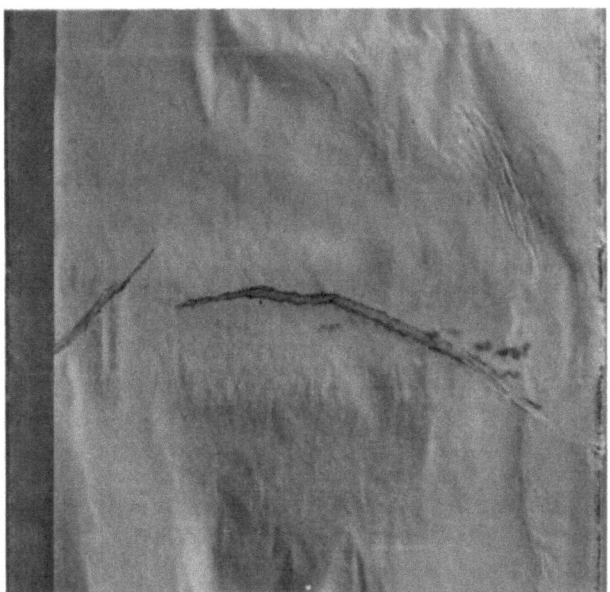

Bild 22. Bei 400 Volt Betriebsspannung entstandene Glimmstelle, einer in der Folie vorhandenen Falte folgend.

auf 20° C mit 100%, so schwindet die Masse zwischen 100° und 60° C um etwa 15%, bei 60° C um etwa 80% und bei weiterer Abkühlung um etwa 5%. Es ist somit nicht zu verwundern, daß sich auch bei den fraglichen Versuchskondensatoren mit Paraffinimprägnierung lufthaltige Einschlüsse im Innern des aktiven Materials gebildet haben; im gleichen Sinne wirkt sich übrigens auch die ausgesprochen kristallinische Struktur des erstarrten Paraffins aus. Die Annahme, daß die Entstehung der Glimmstellen vorzugsweise auf die Kontraktion des Paraffins zurückzuführen ist, findet auch darin eine Stütze, daß des öfteren beobachtet werden konnte, daß die braunen Niederschläge den in der Folie und im Papier hin und wieder vorhandenen Rillen folgten (s. Bild 22), d. h. an den Stellen lagen, die mehr Paraffin enthielten als die benachbarten glatten und deshalb paraffinärmeren Flächenteile.

Obwohl nach vorstehendem die Voraussetzungen für das Zustandekommen einer selbständigen Gasentladung gegeben scheinen, muß der tatsächliche Eintritt dieser Entladungsform bei den fraglichen Versuchsobjekten doch überraschen. Abgesehen von dem an sich sehr niedrigen Spannungswert (375 Volt$_{effekt}$) bei dem sich die ersten Anzeichen der Ionisation bemerkbar machen, ist zu berücksichtigen, daß nur ein Bruchteil dieses Wertes auf die eingeschlossenen Luftschichten entfällt.

Eine experimentelle Bestimmung der Größe dieser Teilspannung ist naturgemäß nicht durchführbar, jedoch soll versucht werden, rein rechnerisch ein Bild über die mögliche Größenordnung zu bekommen.

Nimmt man die Stärke der Isolierpapierschicht mit $d_1 = 4,5 \cdot 10^{-2}$ mm und diejenige der mit ihr elektrisch in Reihe geschalteten Luftschicht mit ungünstigstenfalls 10% dieses Wertes, d. h. mit $d_2 = 4,5 \cdot 10^{-3}$ mm an, so ergibt sich bei einem Verhältnis der Dielektrizitätskonstanten von $\varepsilon_1 = 2,2$ (für paraffinierte Papiere) zu $\varepsilon_2 = 1$ (für Luft) nach der Formel: $U_2 = U \cdot \dfrac{\varepsilon_1 \cdot d_2}{\varepsilon_1 \cdot d_2 + \varepsilon_2 \cdot d_1}$ eine auf die Luftschicht entfallende Teilspannung von $U_2 = 67,5$ Volt$_{effekt}$ (für $U = 375$ Volt$_{effekt}$). Die Grundlage der rechnerischen Verfolgung der Spannungsverteilung erstreckt sich dabei auf den Zustand, in dem lediglich der dunkle Vorstrom fließt und in dem ein

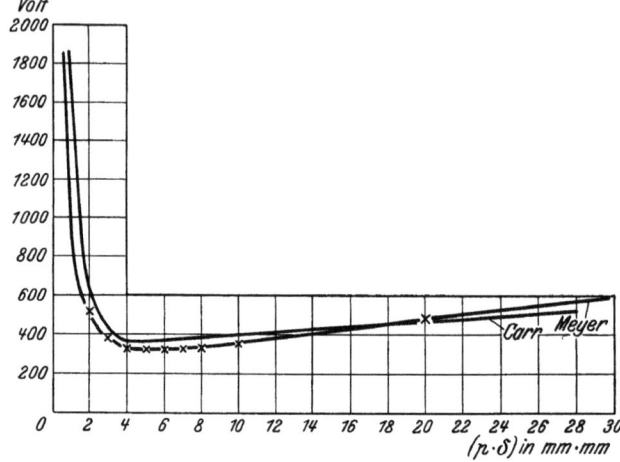

Bild 23. Funkenspannung in Luft, für ebene Elektroden, abhängig von $p \cdot \delta$ nach Carr bei Zimmertemperatur. Kurve x in Luft nach E. Meyer bei 21° C.

ungestörter Feldverlauf vorausgesetzt wird. Es ist jedoch immer wieder zu berücksichtigen, daß man es hier mit sehr kleinen Elektrodenabständen und mit noch kleineren Schichtstärken der Lufteinschlüsse zu tun hat, und es wäre durchaus möglich, daß auch schon an das Auftreten dieses Vorstromes eine Feldverzerrung gebunden ist, da man beispielsweise bei sehr dünnen Drähten und sehr feinen Spitzen bereits bei Strömen in der Größenordnung von $0,24 \cdot 10^{-5}$ Amp. mit Sonden bedeutende Feldstörungen nachgewiesen hat [s. W. O. Schumann (25) S. 87/88]; es sind dieses Vorgänge, über die wir bis jetzt noch wenig positive Kenntnisse besitzen. Nach dem Einsatz der Stoßionisation herrscht auf jeden Fall nicht mehr das elektrostatisch-ladungsfreie Feld, da jedes Ion und Elektron den Ausgangs- bzw. Endpunkt einer Verschiebungslinie darstellt. Es entstehen dann vollkommen unübersichtliche Verhältnisse und es kann angenommen werden, daß in diesem Zustand des Dielektrikums die Raumladung der maßgebende Faktor für die Feldverteilung wird.

Die auf die Luftschicht entfallende Teilspannung von 67,5 Volt entspricht einer spezifischen Beanspruchung der Luft von 15 kV/mm. Dabei erscheint es zunächst vielleicht denkbar, daß auch bereits durch diese Teilspannung die „Glimmfestigkeit" der Lufteinschlüsse überschritten wird, jedoch steht dieses im Widerspruch mit den Messungen von Carr (23) und E. Meyer (24), die für ebene und näherungsweise ebene Elektroden (bei Raumtemperatur) eine untere Spannungsgrenze für den Eintritt der Glimmentladung fanden. In Bild 23 ist die von den beiden Forschern erhaltene Beziehung zwischen der Anfangs- oder Funkenspannung und dem Produkt aus Druck p und Schlagweite δ [das sog. Paschensche Gesetz, s. W. O. Schumann (25) S. 51] dargestellt. Man erkennt, daß die Kurve für einen bestimmten Wert von

$p \cdot \delta$ ein Minimum besitzt und bei noch kleineren Werten wieder ansteigt. Dieser Kurvenanstieg ist offenbar darin begründet, daß bei sehr geringen Drucken oder bei sehr kleinen Elektrodenabständen die Zahl der zwischen den Elektroden vorkommenden wirksamen Stöße nicht mehr ausreicht, um die erforderliche Anzahl Ionen zu erzeugen. Der Betrag des Minimumpotentiales hängt von der Art des in Frage kommenden Gases ab. Helium hat mit etwa 156 Volt die weitaus kleinste Minimumspannung. Für Luft beträgt der dem Minimum entsprechende Spannungswert 320 bis 350 Volt (Amplitudenwert) und die Minimalschlagweite (auf normalen Atmosphärendruck umgerechnet) $6,6 \cdot 10^{-3}$ mm (für $p \cdot \delta = 5$ mm·mm). Es geht hieraus hervor, daß sowohl die auf die Luftschicht entfallende Teilspannung (von 67,5 Volt effekt entspr. 95,5 Volt Scheitelwert) als auch die (angenommene!) Dicke dieser Luftschicht ($d_2 = 4,5 \cdot 10^{-3}$ mm) erheblich unter den vorstehend angeführten Minimalwerten liegen und daß trotz Unterschreitung dieser Werte eine Glimmentladung zustande kommt. Es soll selbstverständlich durchaus dahingestellt bleiben, ob die Berechnung der Spannungsverteilung und des Spannungsgradienten, lediglich auf Grund der geometrischen Abmessungen, überhaupt zulässig ist. Des weiteren könnte man auf dem Standpunkt stehen, daß die bei den Versuchsobjekten vorliegenden physikalischen Verhältnisse von den dem Paschenschen Gesetz zugrunde liegenden in wesentlichen Punkten abweichen und daß auch aus diesem Grunde eine vergleichende Betrachtung nicht angebracht erscheint. Diesen Einwendungen muß jedoch entgegengehalten werden, daß die Gültigkeit der „Minimumspannungstheorie" sowie ihre Anwendbarkeit auf die fraglichen Versuchsobjekte dadurch als erwiesen zu betrachten ist, daß beim Betriebe mit unterhalb der Minimumspannung liegenden Spannungen, also beispielsweise mit 220 Volt effekt. entsprechend 311 Volt Scheitelwert, tatsächlich keine Glimmerscheinung eintrat; während sich bei einem mit 400 Volt (effekt.) durchgeführten Dauerversuch bereits nach etwa 14 Tagen die ersten Anzeichen der Ionisation in Gestalt der erwähnten braunen Stellen bemerkbar machten, waren bei Anwendung einer Spannung von 220 Volt effekt selbst nach einjährigem ununterbrochenem Betriebe nicht die geringsten Glimmspuren erkennbar und zwar auch dann nicht, wenn das Dielektrikum spezifisch etwa in gleicher Höhe ($\sigma = 8,5$ kV/mm) beansprucht wurde wie bei dem 400-Voltversuch ($\sigma = 8,9$ kV/mm); bei dem 220-Voltversuch fanden Kondensatoren Verwendung, deren Isolierschicht nur aus 2 Lagen 0,013 mm starkem Papier bestanden.

Es stehen sich demnach zwei Beobachtungsergebnisse widerspruchsvoll gegenüber: 1. die Bestätigung des Bestehens einer unteren Spannungsgrenze für den Eintritt der Glimmentladung (durch den 220-Voltversuch!) und 2. die Tatsache der Bildung von Ionisationsstellen bei Spannungen bzw. Teilspannungen, die weit unterhalb dieser Spannungsgrenze liegen.

Allerdings weist Earhart (26) darauf hin, daß bei außerordentlich geringen Schlagweiten im Bereiche von einigen Wellenlängen des Natriumlichtes ($d = 1,8$ bis $2,4 \cdot 10^{-3}$ mm) und normalem Luftdruck die Entladespannung den Wert der Minimumspannung unterschreiten kann; jedoch wird dieses von anderer Seite [s. Almy (27)], sogar für noch kleinere Elektrodenabstände wieder bestritten. Günther-Schulze (28) vertritt die Auffassung, daß in den Fällen, in denen der Elektrodenabstand klein gegen die Freieweglänge ist, wenn also in hochverdünnten Gasen die Elektroden sehr nahe gerückt werden, die hier in Frage stehende Entladungsart (Stoßionisation) nicht mehr möglich ist; an ihre Stelle tritt bei hinreichender außerordentlich hoher Feldstärke eine andere Entladungsform, deren Träger Elektronen sind, die aus den Elektroden herrühren. Diese Entladungsform dürfte aber bei den vorliegenden Versuchsobjekten ebenfalls nicht in Frage kommen, da die Hohlräume nicht hochverdünnte Gase enthalten, sondern sogar mit der Außenluft in Verbindung stehen. Bringt man nämlich einen der runden Kondensatoren in ein luftdicht abschließendes Gefäß, das zunächst unter Atmosphärendruck steht und dann evakuiert wird, so findet man eine Abhängigkeit des Verlustfaktors von dem jeweiligen Druck des den Kondensator umgebenden Mediums. Es erscheint somit auf Grund des bis jetzt vorliegenden Beobachtungsmaterials eine befriedigende Erklärung dieses elektrostatischen Paradoxons nicht möglich.

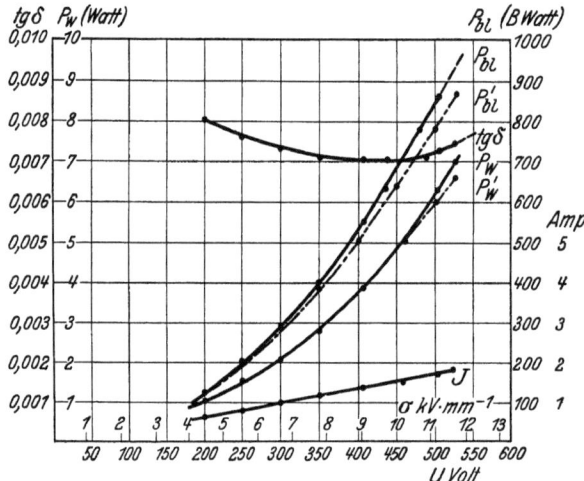

Bild 24. tg δ, Kondensatorverluste P_w (in Watt), Blindleistung P_{bl} (in Blindwatt) und Ladestrom I (in Amp) als Funktion der Spannung U bzw. der spezifischen Beanspruchung σ.

Bild 25. Zwischen den Belägen F_1 und F_2 bzw. zwischen dem Belag F_2 und der ihm anliegenden Papierschicht bei 400 Volt entstandene Glimmstelle (gewickelte, flach gepreßte Type).

Die Untersuchung der Spannungsabhängigkeit der Verluste bei den flachgepreßten Kondensatoren (s. Bild 1) führte zu einem wesentlich anderen Ergebnis, als es für die zylindrischen Kondensatoren gefunden wurde. Während bei der runden Ausführungsform schon bei etwa 375 Volt das zischende Geräusch, als dessen Ursache die Glimmerscheinung erkannt wurde, deutlich hörbar war, konnte bei den flach gepreßten Kondensatoren selbst bei 500-Volt Betriebsspannung keinerlei Geräusch festgestellt werden. In Übereinstimmung mit diesem Befund zeigte auch der über der Spannung aufgetragene Verlustfaktor tg δ einen gänzlich anderen Verlauf. Bild 24 gibt die diesbezüglichen Verhältnisse für einen 10,5 μF-Kondensator wieder. Die tg δ-Kurve besitzt zunächst eine bei steigender Spannung fallende Tendenz, durchläuft bei etwa 450 Volt ein Minimum und steigt erst oberhalb dieser Spannung an. Da die Betriebsspannung während der Dauerprüfung nur 400 Volt betrug, also unterhalb der dem Kurvenknickpunkt entsprechenden „Ionisierungsspannung" lag, wurde zunächst vermutet, daß diese Kondensatoren im Bereiche der Betriebsspannung glimmfrei sind. Die Öffnung einzelner Kondensatorenwickel nach etwa einmonatlicher Betriebszeit führte jedoch zu dem überraschenden Ergebnis, daß auch diese Versuchsausführung die bereits bekannten braunen Glimmstellen aufwies, allerdings nur an den rundgewölbten Flanken, während die flachgepreßten Flächenteile des Dielektrikums völlig unverändert waren. Auch nach einer Betriebszeit von über einem Jahr konnte in dieser Beziehung keine grundsätzliche Veränderung festgestellt werden; die Braunfärbungen, die mit längerer Betriebszeit natürlich immer dunkler wurden, befanden sich ausschließlich an den Biegekanten. Bild 25 zeigt

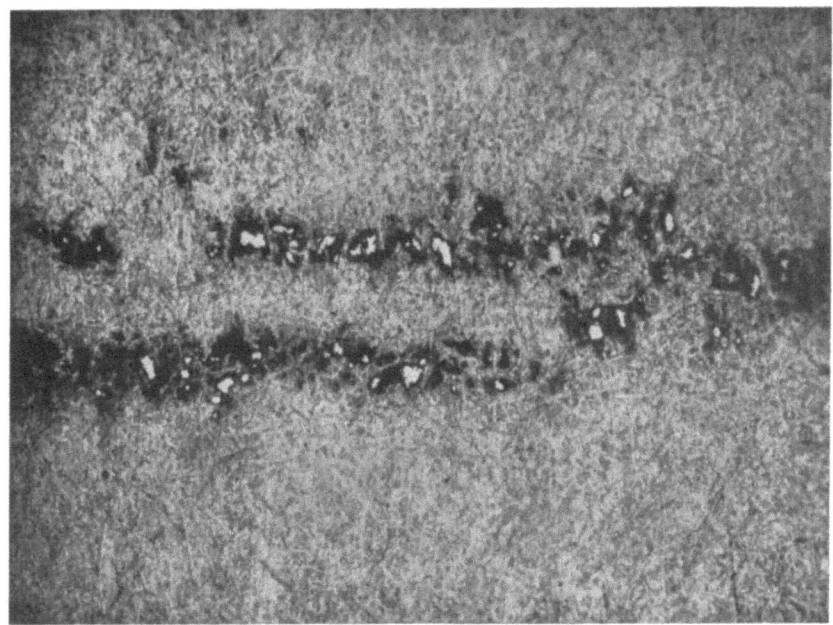

Bild 26. Mikrophotographische Aufnahme einer Glimmstelle (Vergrößerung 1 : 10) bei durchfallendem gewöhnlichem Licht.

das Aussehen einer solchen Glimmstelle, die zwischen den Kondensatorbelegungen F_1 und F_2 entstanden ist. Der die Glimmstelle ursprünglich überdeckende Teil der Folie F_2 ist hierbei entfernt, so daß man das scharfkantige Abschneiden der braungefärbten Stellen mit den aktiven Folienrändern besonders deutlich erkennen kann. Auch hierbei mußte wieder festgestellt werden, daß die imprägnierte Zellstofffaser auf die Dauer dem Bombardement der Stoßionisation nicht widerstehen kann. Die mikrophotographische Aufnahme einer Glimmstelle mit etwa zehnfacher Vergrößerung bei durchfallendem gewöhnlichen Licht ergab das in Bild 26 dargestellte Bild, während Bild 27 die gleiche Stelle bei Verwendung durchfallenden polarisierten Lichtes zeigt; besonders in Bild 27 ist die bereits erfolgte und die noch in der Entwicklung begriffene Zerstörung des Fasergefüges erkennbar.

Das Ergebnis dieses Versuches führt zu der bemerkenswerten Schlußfolgerung, daß auch bei fallender Tendenz der Kurve $\operatorname{tg} \delta = f(U)$ und beim Betriebe mit unterhalb des Kurvenknickpunktes liegenden Spannungen, eine Glimmerscheinung in dem geschichteten Isolierstoff vorhanden sein kann und daß demzufolge die in Bild 17 dargestellte „Ionisierungskurve" (mit dem sog. charakteristischen Knickpunkt) keinesfalls allein als kennzeichnend für das Vorliegen einer Glimmentladung angesehen werden darf. Des weiteren geht aus der Tatsache, daß die flachgepreßten und unter mechanischem Druck gehaltenen Flächenteile keinerlei Zersetzungserscheinungen zeigten (im Gegensatz zu den rundgewölbten Flanken der Wickel), offenbar hervor, daß die Schichtstärke der zweifellos auch an diesen Stellen vorhandenen Lufteinschlüsse unterhalb der zur Stoßionisation erforderlichen Mindestweglänge liegt.

Über die Ursache des eigentümlichen Verlaufes der Verlustfaktorkurve gibt wieder das Verhalten des äquivalenten Wirkwiderstandes und der Kapazität bei veränderlicher Spannung Auskunft. In Bild 28 sind die rechnerisch ermittelten Werte für R_p und C über der Spannung aufgetragen. Man erkennt, daß R_p seinen Wert bis etwa 475 Volt näherungsweise unverändert beibehält, um dann allerdings

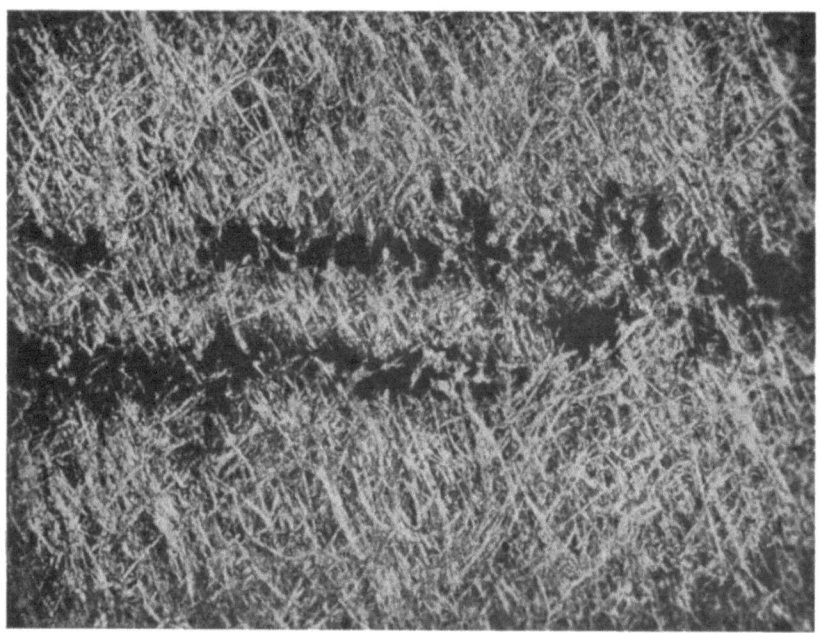

Bild 27. Mikrophotographische Aufnahme der gleichen Glimmstelle wie in Bild 26 dargestellt, jedoch bei durchfallendem polarisiertem Licht.

stark abzufallen, während C innerhalb des ganzen Meßbereiches eine lineare Zunahme zeigt. Dementsprechend fällt die in Bild 24 eingetragene Kurve P_w der gemessenen Wirkverluste mit der quadratisch ansteigenden Kurve P_w' der berechneten Verluste (für $R_p = 42000$ Ohm) in ihrem größten Teil zusammen, während der Anstieg der Blindleistungskurve P_{bl} (in Bild 24) schon von niedrigen Spannungswerten ab stärker als quadratisch erfolgt; Kurve P'_{bl} zeigt die (rechnerisch ermittelte) rein quadratische Zunahme der Blindleistung. Eine Erklärung für diese Erscheinung ist möglicherweise folgende: Während bei der zylindrischen nicht gepreßten Type gewissermaßen der ganze Umfang des Wickels für die Ausbildung der Glimmentladung „zur Verfügung" stand, kann sich diese bei der flachgepreßten Type nur noch an den Biegekanten, d. h. an einem verhältnismäßig nur kleinen Teil der aktiven Kondensatorfläche ausbilden, so daß der Fall denkbar wäre, daß als Folge dieser besonderen konstruktiven Verhältnisse die durch das Glimmen bedingte Zunahme der Blindkomponente der vom Kondensator aufgenommenen Scheinleistung in einem stärkeren Verhältnis erfolgt als die Zunahme der Wirkkomponente. Da tg δ das Verhältnis von Wirk- zu Blindkomponente darstellt, besteht die Möglichkeit einer Abnahme des Verlustfaktors mit steigender Spannung; des weiteren würde der bei etwa 475 Volt liegende

Kurvenknickpunkt anzeigen, daß von dieser Spannung ab wieder das Anwachsen der Wirkverluste den Wert des tg δ entscheidend beeinflußt. — Eine an einem 3 μF-Kondensator gleicher Bauart vorgenommene Brückenmessung zeigte bezüglich der Spannungsabhängigkeit des Verlustfaktors qualitativ das gleiche Ergebnis (s. Bild 29), wie es bei der wattmetrischen Messung an der 10,5 μF-Einheit gefunden wurde.

Wesentlich erscheint noch der Hinweis, daß auch bei den flachgepreßten Kondensatoren nach über einjähriger ununterbrochener Betriebszeit nicht die geringsten Glimmspuren festgestellt werden konnten, wenn die Betriebsspannung unterhalb der Minimumspannung, also beispielsweise bei 220 Volt$_{effekt}$ lag.

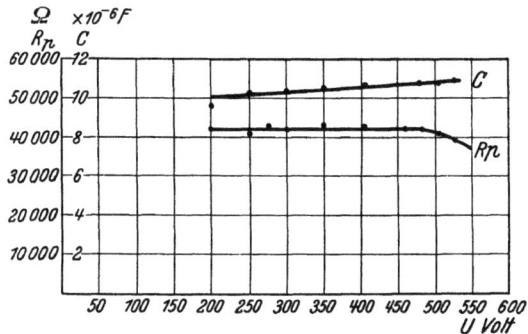

Bild 28. Kapazität C und äquivalenter Verlustwiderstand R_p als Funktion der Spannung U.

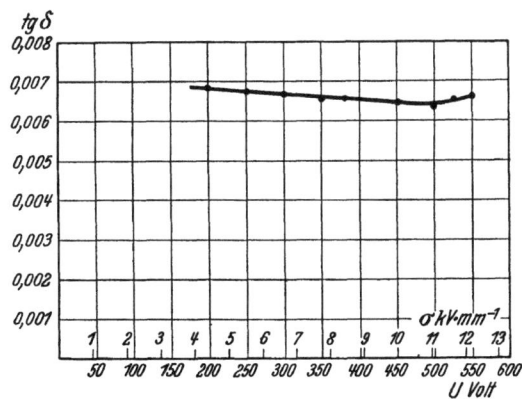

Bild 29. tg δ als Funktion der Spannung U bzw. der Feldstärke σ.

Der Verlauf der in Bild 24 dargestellten tg δ-Kurve läßt vermuten, daß es im Dielektrikum gewissermaßen zwei Arten von „Glimmzuständen" gibt, nämlich den Zustand, in dem im einen Falle die kapazitive Komponente und im anderen Falle die Wirkkomponente der Kondensatorscheinleistung den Charakter der Verlustfaktorkurve festlegt. Es war deshalb von Interesse, die Spannungsabhängigkeit des Verlustfaktors der flachgepreßten Kondensatoren bei noch höheren Spannungen (als 525 Volt) kennenzulernen. Da die zur Verfügung stehende Meßeinrichtung hierfür jedoch nicht geeignet war, erklärte sich das Elektrotechnische Institut der Technischen Hochschule Darmstadt (Herr Dr.-Ing. Hüter) liebenswürdigerweise zur Aufnahme einer tg δ-Kurve bis etwa 1800 Volt bereit; der fragliche Versuch wurde mit der Scheringschen Meßbrücke ausgeführt. Der Kondensator (flachgepreßte Type) besaß eine Kapazität von $0,5 \cdot 10^{-6}$ Farad. Im Hinblick auf die erhebliche Spannungsbeanspruchung mußte jedoch eine im Dielektrikum stärker bemessene Kondensatorausführung, als diese bisher zur Verwendung gelangte, gewählt werden;

das Dielektrikum bestand deshalb aus 4 Lagen 0,035 mm starkem Papier, was einer spezifischen Beanspruchung von 2,85 kV/mm bei 400 Volt und von 12,8 kV/mm bei 1800 Volt entspricht.

Aus dem in Bild 30 dargestellten Ergebnis dieser Messung geht hervor, daß die tg δ-Kurve ebenfalls bei etwa 400 bis 450 Volt einen deutlich ausgeprägten Knickpunkt besitzt und dann weiter stark ansteigt. Eigentümlicherweise tritt jedoch von etwa 700 Volt ab eine allmählich immer stärker zunehmende Verflachung des Kurvenanstieges ein, bei etwa 1350 Volt besitzt die Kurve einen Wendepunkt, um bei noch höherer Spannung sogar abzufallen. Eine Deutung der diesem Kurvenverlauf zugrunde liegenden Veränderungsvorgänge im Kondensatordielektrikum muß, im Hinblick auf das zur Zeit für diesen Spannungsbereich noch spärlich vorliegende Beobachtungsmaterial, unterbleiben. Es erschien jedoch angezeigt, im Rahmen der bisher behandelten Ionisationserscheinungen auch dieses Meßergebnis nicht unerwähnt

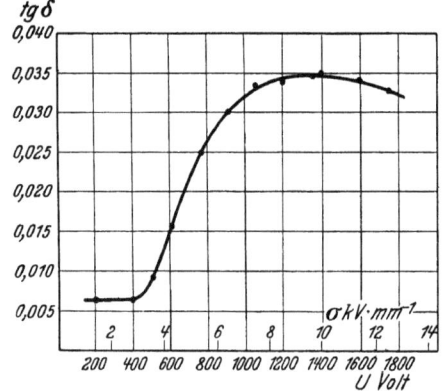
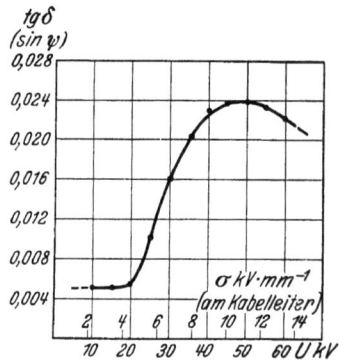

Bild 30. tg δ als Funktion der Spannung U bzw. der Feldstärke σ (aufgenommen an einem paraffinimprägnierten Kondensator).

Bild 31. tg δ (bzw. sin ψ) als Funktion der Spannung U bzw. der Feldstärke σ (aufgenommen an einem ölimprägnierten Hochspannungskabel).

zu lassen, zumal die fragliche Kurve eine in qualitativer Beziehung ganz auffallende Ähnlichkeit mit der in Bild 31 dargestellten Kurve besitzt, die von Dawes und Hoover (33) an einem Hochspannungskabel mit imprägnierter Papierisolation im Spannungsbereich von 10 bis 60 kV gefunden wurde. Die Übereinstimmung geht sogar so weit, daß die ausgezeichneten Punkte der beiden Kurven nahezu bei den gleichen spezifischen Beanspruchungen liegen, so daß unter Umständen auf eine weitgehende Analogie der Zustandsänderungen im Dielektrikum des Niederspannungskondensators und des Hochspannungskabels geschlossen werden darf.

VI. Zusammenstellung der Versuchsergebnisse und Schlußbemerkung.

Die experimentellen Ergebnisse lassen sich in großen Zügen wie folgt zusammenfassen:

1. Die ungenügende Abfuhr der Verlustwärme eines Kondensators bedingt eine Störung des thermisch-elektrischen Gleichgewichtes, die in besonderen Fällen zum dielektrischen Zusammenbruch führen kann; dabei kann diese Störung sowohl durch eine zu hohe Außentemperatur als auch durch eine zu hohe Feldstärke bedingt sein.

2. Die Kondensatorverluste streben, bei näherungsweise unveränderlichen Spannungs-, Frequenz- und Temperaturverhältnissen, nicht einem konstanten Endwerte zu, sondern zeigen „normalerweise" Schwankungen wechselnder Höhe in der Größenordnung von $\pm$ 5—10% eines Mittelwertes.

3. Kondensatoren, deren Wärmegleichheit (durch künstliche Erwärmung) in der Nähe der Labilitätsgrenze liegt, zeigen nach längerer Betriebszeit eine zum Teil

über 100%ige Zunahme der Verluste sowie eine darauffolgende selbsttätige Verlustabnahme. Diese Erscheinung kann bei dem gleichen Kondensator mehrere Male hintereinander auftreten, ohne zu einer dauernden Verschlechterung oder zum Durchschlag zu führen.

4. a) Die Verluste eines aus paraffiniertem Papier bestehenden Dielektrikums zeigen beim Übergang vom festen zum flüssigen Aggregatzustand – oder umgekehrt – die gleiche V förmige Temperaturabhängigkeit, wie diese bereits früher an einem ähnlichen, als alleiniges Dielektrikum dienenden Imprägniermittel von Pungs (14) beobachtet wurde.

b) Die dem Kurvenminimalwert entsprechende Temperatur fällt jedoch nicht mit der Schmelztemperatur des Imprägniermittels zusammen.

c) Es erweist sich als möglich, durch stärkere Entfeuchtung des Isolationsmaterials den Beginn des Kurvenanstieges nach höheren Temperaturen hin zu verschieben.

5. Bei Spannungen von etwa 375 Volt ab konnte durch objektive [tg $\delta = f(U)$] und subjektive Beobachtung (zischendes Geräusch und Ozongeruch) das Vorhandensein einer Glimmentladung im Kondensatorinnern festgestellt werden.

6. Die Entstehung der Glimmentladung ist auf die Bildung von Lufteinschlüssen in der geschichteten Papierisolation zurückzuführen, die ihrerseits in der stark ausgeprägten Kontraktionswirkung des Paraffins sowie in dessen kristallinischen Struktur begründet ist.

7. Bei der Glimmentladung handelt es sich nicht um eine Wirkung des Randfeldes; der Vorgang der Stoßionisation findet vielmehr im Inneren des Kondensators auf der ganzen Breite der kapazitätsbildenden Fläche statt. Die braunen Glimmstellen schneiden scharfkantig mit den Belagrändern ab.

8. Die sichtbaren Wirkungen der Glimmentladung nehmen mit längerer Betriebszeit immer mehr zu; die Folge ist letzten Endes eine mechanische Zerstörung des Fasergefüges.

9. Es hat sich gezeigt, daß es innerhalb des Spannungsbereiches von 200 bis 525 Volt zwei charakteristische Arten der „Ionisationskurve" [tg $\delta = f(U)$] gibt, nämlich eine mit steigender Spannung steigende und eine mit steigender Spannung fallende Kurve.

10. Die Spannungsabhängigkeit des äquivalenten Verlustwiderstandes und der Kapazität [R_p bzw. $C = f(U)$] scheint ein besseres Kriterium für die Beurteilung des dielektrischen Zustandes zu sein als die Spannungsabhängigkeit des Verlustfaktors [tg $\delta = f(U)$].

11. Die mit 220 Volt durchgeführten Dauerversuche (bei denen keine Glimmwirkungen beobachtet werden konnten), scheinen das Vorhandensein einer unteren Spannungsgrenze (Minimumspannung) für den Eintritt der Stoßionisation zu bestätigen.

12. Das unter Punkt 11 angeführte Beobachtungsmaterial steht jedoch in Widerspruch mit dem Ergebnis der mit 400 Volt durchgeführten Dauerversuche, da hierbei das Bestehen einer Glimmerscheinung nachgewiesen werden konnte, obwohl die auf die eingeschlossenen Luftschichten entfallende Teilspannung vermutlich unterhalb der Minimumspannung lag.

13. Auch bei dem 400-Voltversuch trat keine Glimmerscheinung ein, wenn die räumliche Ausdehnung der Lufteinschlüsse unterhalb der zur Stoßionisation erforderlichen Mindestweglänge lag.

14. Eine im Spannungsbereich von 200 bis 1800 Volt liegende Verlustfaktorkurve eines Kondensators zeigt eine auffallende Übereinstimmung mit der Verlustfaktorkurve eines Hochspannungskabels im Spannungsbereich von 10 bis 60 kV.

Schlußbemerkung.

Die vorliegende, in den Jahren 1924/25 entstandene Arbeit bezweckte, die zum Teil außerordentlich komplizierten Vorgänge im Dielektrikum von Niederspannungskondensatoren einer Klärung näherzubringen. Da das fragliche Gebiet zurzeit noch als vollkommenes Neuland anzusehen ist und diese Arbeit wohl mit zu den ersten Spezialuntersuchungen gehört, ließ sich nicht in allen Fällen eine erschöpfende Erklärung der einzelnen dielektrischen Erscheinungen erreichen. Immerhin hat sich gezeigt, daß einige grundlegende Erkenntnisse den noch am Anfang der Entwicklung stehenden Kondensatorbau bereits maßgebend beeinflußt haben. — Besonderer Wert wurde darauf gelegt, das Verhalten der Isolation unter der dauernden Einwirkung des elektrischen Feldes kennenzulernen, da man bis heute noch nicht in der Lage ist, auf Grund einer kurzzeitigen Prüfung mit verhältnismäßig hoher Spannungsbeanspruchung oder auch einer anderen Prüfmethode die betriebsmäßige Eignung eines Kondensators, d. h. seine Bewährung im Dauerbetriebe mit Sicherheit zu beurteilen.

Der unvoreingenommene Beobachter wird sich der Einsicht nicht verschließen können, daß man hier noch ganz am Anfang des theoretischen Erkennens steht und es ist wohl nicht zu viel behauptet, daß ebenso wie hier, so auch auf den dielektrisch verwandten Gebieten, noch hingebungsvollste Arbeit geleistet werden muß, um die Isolierstofftechnik zur Lösung der großen Aufgaben zu befähigen, die ihrer im Rahmen der stetig fortschreitenden technischen Entwicklung noch harren.

Die vorstehenden Untersuchungen entstanden vorzugsweise im Starkstromlaboratorium der Elektrizitäts-A.-G. Hydrawerk, Berlin. Bei der Durchführung der zum Teil sehr zeitraubenden Versuche wurde ich von den Herren Dipl.-Ing. Waldemar Brückel und Alfred Eckel freundlichst unterstützt. Ferner sage ich auch an dieser Stelle Herrn Prof. Dr. Wilhelm Scheffer von der Universität Berlin meinen verbindlichsten Dank für seine Beihilfe bei der Anfertigung der mikrophotographischen Aufnahmen.

VII. Literaturverzeichnis.

1. Berger, Der Durchschlag fester Isolierstoffe als Folge ihrer Erwärmung. Bulletin des S. E. V. 1926, 2, 37.
2. Brückmann, Karetnja, ein Isoliermaterial für Kabel. ETZ 1925, 46, 1732.
3. Möllinger, Verlustwinkelmessung an Transformatorenöl. Dissertation, Technische Hochschule Darmstadt, 1926. — Referat ETZ 1927, 46, 1705.
4. Maxwell, Lehrbuch der Elektrizität und des Magnetismus. Bd. 1, Art. 328—330, Berlin 1883.
5. K. W. Wagner, Arch. f. Elektrot., 1914, 3, 67.
6. Evershed, J. J. E. E. (London) 1913, 52, 51. — Referat ETZ 1914, 887.
7. Retzow, Über einige elektrische Eigenschaften verschiedener Zellulosepapiere. „Kunststoffe" 1924, 2, 20.
8. K. W. Wagner, Abhandlung aus „Die Isolierstoffe der Elektrotechnik". Verlag Springer 1924, S. 38.
9. Hentschel, Über das dielektrische Verhalten ölgetränkter Papiere. Arch. f. Elektrot. 1925, 2, 138.
10. Foerster, Über das Verhalten von Isolierölmischungen. ETZ 1927, 2, 39.
11. Mündel, Zum Durchschlag fester Isolatoren. Dissertation, Technische Hochschule Aachen, 1925 und Arch. f. Elektrot. 1925, 4.
12. Estorff, Kondensator-Wanddurchführungen. ETZ 1926, 34, 1001.
13. Höchstädter, Dielektrische Verluste und zulässige Maximalbeanspruchung in Hochspannungskabeln. ETZ 1922, 7, 205.
14. Pungs, Über das dielektrische Verhalten flüssiger Isolierstoffe bei hohen Wechselspannungen. Dissertation, Technische Hochschule Darmstadt, 1913 und Arch. f. Elektrot. 1913, 1, 329.

15. Birnbaum, Dielektrische Verluste von Kabeltränkmassen. ETZ 1924, 12, 229.
16. Emanueli, L'Energia Elletrica 1925, H. 2. — Referat ETZ 1925, 45, 1700.
17. Forschungslaboratorium der Brocklyn-Edison-Comp. J. A. J. E. E. 1925 (Febr.) S. 141. — Referat ETZ 1925, 12, 424.
18. Delmar, Innenvakua in Hochspannungskabeln und ihr Einfluß auf den Betrieb (Referat). Elektrizitätswirtschaft (Mitt. d. V. D. E. W.) 1927, 430, 147.
19. — Voltolöl. Elektr. Betrieb 1923, S. 81.
20. Konstantinowsky, Moderne Hochspannungskabel. E. u. M. 1926. 48, 869.
21. Ludin, Übertragungsmöglichkeit durch 60- und 100-kV-Kabel. ETZ 1926, 39, 1143.
22. Whitehead, The influence of gaseous jonisation and spark discharge on fibrous insulating-materials and on mica. J. A. J. E. E. 1923, 42, 1297.
23. Carr, Phil. Trans. of the Royal Society 1903, 201, 403.
24. Meyer, Annalen der Physik 1919, 58, 297.
25. Schumann, Elektrische Durchbruch-Feldstärke von Gasen. Berlin: Julius Springer 1923.
26. Earhart, Phil. Mag. 1901, 1, 147.
27. Almy, Phil. Mag. 1908, 16, 456 und Physik. Zeitschr. 1908, 9, 458.
28. Günther-Schulze, Über die dielektrische Festigkeit. München: Verlag Kösel & Pustet, 1924.
29. Höchstädter, Dielektrische Verluste in Hochspannungskabeln. ETZ 1922, 7, 205; 17, 575; 18, 612; 19, 641.
30. van Staveren, ETZ 1924, 8, 129; 9, 159.
31. Frensdorff, Die Bedeutung der dielektrischen Verlustmessung an Hartpapierisolation für Höchstspannungsbetriebe. Elektrizitätswirtschaft (Mitt. d. V. D. E. W.) 1927, 442, 433.
32. Moscicki, Über Hochspannungskondensatoren. ETZ 1904, 25, 527.
33. Dawes und Hoover, Ionisation studies in paper-insulated cables. J. A. J. E. E. 1926, 4, 337 (insbes. Bild 6).

Lebenslauf.

Ich wurde am 8. 6. 1894 als Sohn des Maschinenfabrikanten Wilhelm Schäfer in Offenbach a. M. geboren. Vom 6. bis 18. Lebensjahre besuchte ich die Oberrealschule in Offenbach, an der ich Ostern 1912 die Reifeprüfung bestand. Nach einjähriger praktischer Arbeitszeit bezog ich Ostern 1913 die Technische Hochschule Darmstadt. Meine Studien erfuhren durch den Ausbruch des Weltkrieges, den ich als Offizier mitmachte, eine Unterbrechung von Herbst 1914 bis Weihnachten 1918. Zu Beginn des Jahres 1919 setzte ich meine Studien an der Technischen Hochschule Darmstadt fort und bestand dort Weihnachten 1920 das Diplom-Examen. Von Januar 1921 bis heute befinde ich mich bei der Allgemeinen Elektrizitäts-Gesellschaft Berlin bzw. bei der Elektrizitäts A.-G. Hydrawerk. Aus dem mir dort in den letzten Jahren gestellten Aufgabenkreis heraus entstand die vorliegende Abhandlung.

If you have any concerns about our products,
you can contact us on
ProductSafety@springernature.com

In case Publisher is established outside the EU,
the EU authorized representative is:
**Springer Nature Customer Service Center GmbH
Europaplatz 3, 69115 Heidelberg, Germany**

Printed by Libri Plureos GmbH
in Hamburg, Germany